八幡製鉄所・職工たちの社会誌

金子毅
Kaneko Takeshi

草風館

東田第一高炉（1901）
（『世紀をこえて―八幡製鉄所の百年―』新日本製鐵）

八幡製鉄所全景（1910）
（『製鉄所写真帖』1914）

戦前の社宅（職員官舎（右）と職工長屋（左））（『製鉄所写真帖』1914）

鉄都八幡名勝　中央区新町の賑わい
（絵葉書　1928　北九州市立自然史・歴史博物館提供）

溶銑作業（『STEEL PRODUCTS』1950)

圧延作業（『製鉄所写真帖』1914）

戦後の社宅（前田地区『日本拝見・西日本』1958）

八幡地区（撮影1999年、新日本製鐵八幡製鉄所総務グループ提供）

八幡製鉄所・職工たちの社会誌●目次

目　次

目　次

◎図版一覧

八幡製鉄所・職工たちの社会誌

はじめに――近代産業化百年の残照――

●鉄の墓標、木の墓標

ここに一枚の写真がある。裏側には一九九九年三月撮影と表記されている。この写真の地、かつて「鉄都」と呼ばれた八幡の地は、日本を支えた製鉄という巨大な基幹産業の中心地だった。そしてその中核となっていたのが、写真のほぼ中央に位置する八幡製鉄所である。鉄冷えという危機を迎えて以後も、製鉄所は依然としてそこに存在し続けている。とはいうものの、あたりの光景はさすがに以前とは大きく様変わりしている。写真が物語るように、その広大な区域は分割され、東側の土地の大部分が更地となっている（口絵全景写真参照）。

中央右寄りに小さく見えるのは溶鉱炉で、それよりもやや北側の空間は、現在スペースワールドというアミューズメント・スポットへと変貌している。元官営製鉄所という閉ざされた空間の一部がそういうかたちで、ようやく一般に開かれることになったのは今から一三年前のことである。オイルショック後の不況の煽りで重要部門の戸畑地区への一極集中が始まると、そのぶん八幡側では工場群の閉鎖が相次ぎ、ただ広大な敷地だけが遊休地として残された。それが現在のスペースワールドなのである。

ところで、この広大なテーマパークの傍らにひっそりとたたずむ近代産業遺産、溶鉱炉〈一九〇一〉の存在を読者諸賢はご存知だろうか。先ほど「中央右寄りに小さく見える」と記した溶鉱炉がそれで、八幡製鉄所創業時に造られた溶鉱炉第一号であった。

その威容は、戦前、戦中、そして戦後を生き抜いてきた人々にとっては鉄づくりの象徴であり、遠く天を指して屹立する姿はあたかも摩天楼を思わせた。そして黒々と光る巨体に内蔵された精緻なメカニズムは、まさに製鉄業が近代という翼をもって舞い降りたことを示していた。製鉄所の五百本の煙突から噴き上げられる大量の黒煙や、溶鉱炉から炎とともに勢い良くほとばしり出る火竜のごとき鉄の流れは、かつて八幡繁栄の証であった。その意味で溶鉱炉とは、広大な近代工場と工場労働者という雛鳥を育てる巣のようなものだった。しかし時代の流れには掉さ せず、今はひとりぽつねんと更地の中に墓標のようにたたずんでいる。

本書ではまず第一～四章で、製鉄所のシンボルともいえる溶鉱炉に寄せられた職工たちの思いや、そのたとで繰り広げられた彼らの人間模様を、戦前、戦中、戦後といった各時代背景とともに描き出す。

次に、写真中央よりやや西側に目を転ずると、斜めに並ぶいくつかの工場群が認められる。その一隅に、かつて和井田と呼ばれる海岸だった場所がある。そこには昔、ある祟り伝承にまつわる一本の老松が生えていた。職工たちの信仰を集めたこの木はその後、製鉄所の施策に翻弄されて幾度かの流転を余儀なくされる。はたして時が過ぎ、老松も、また老松にまつわる伝承を知る者も、今ではほとんど残っていない。合理主義が幅を利かせる世の中では、祟り伝承はその効力を発揮しえず、かくして松の木は高度成長とともに忘れ去られた墓標として、製鉄所で働くわずかな者たちの記憶に微かにとどめおかれる程度である。

第五章では、老松とともに心も体も翻弄される職工たちの姿を、製鉄所と地域社会とのかかわりの歴史から描出してみたいと思う。

製鉄業の衰退にともない、多くの職工たちが八幡の地を去っていった。二〇世紀の繁栄の証であった溶鉱炉は、現在でこそ「産業遺産」「産業文化財」の名目できれいにリニューアルされたけれども、実は長いこと風雨にさらされ、赤錆まみれの変わりはてた姿を巷間にさらしていたのである。このようなアンビバレンスは、私たちにとって「近代」とは何だったのかを、深く内省させるに充分なモチーフを内包している。

スペースワールドのテーマは、日本初の大規模近代工場である八幡製鉄所が呱々の声をあげた一九〇一年を起点とし、そこで培われた鉄をめぐる近代技術が、いまや宇宙開発というはてしない未来を切り開いているという点にある。だが洞海湾からの浜風に吹かれつつ、そこで私が思ったのは、そんな時間の流れにあえて逆行してみる道であった。それは八幡製鉄所、わけても職工たちにとって象徴的な意味をもつ溶鉱炉、あるいは老松の下で彼らが織り成した歴史的ドラマを、今こそ一般社会に向けて解き放ってみたいとの思いである。すなわち溶鉱炉〈一九〇一〉が現在にいたるまで見届けてきた近代の風景の描写である。

大量生産という近代産業の課題を背負い、それぞれの時代状況に翻弄されながら、ここ八幡で生きてきた人々。彼らの労働を通した生きざまを跡づけながら、単なる時代の証言者としてでなく、現在の先行き不透明な構造不況の打開を考えるうえでのナビゲーターとして、改めて過去と向き合うことにしたい。

●もうひとつのプロジェクト

近年マスコミでは炭鉱や町工場などを舞台に、近代産業化の軌跡をその裏面からたどり直す趣旨の特集が盛んに組まれている。先日、そうした類のある人気テレビ番組を見ながら、ふと気付いたことがある。これまであまり顧みられることがなかった戦後日本の躍進を象徴する技術神話と、それを陰で支えた人々の地味なサクセス・ストーリーにスポットを当てたこの番組は、高度成長期の若く清冽なエネルギーが日本を戦後の混乱から立ち直らせた姿をまざまざと描き、高い視聴率をはじき出している。それは長びく不況にあえぐ昨今の状況を打開する道程のアナロジーとして制作され、また受け入れられているようである。ことに高度成長という激動の時代を生き抜いてはきたものの、現在はいささか疲弊気味の中高年層の間で好評を博しているようだ。

ところが、そこでクローズ・アップされるのは一握りの「男たち」の群像で、よくよく注意してみると、その多くは大卒の技術者である。彼らの背後で汗と油にまみれ、直接作業に従事した無数の現場労働者たちについてはほとんど触れられていないのである。彼らは〝企業戦士〟などと持ち上げられ、しかし時には〝会社人間〟とも揶揄されながら、戦後日本の高度大衆消費社会を支える屋台骨として額に汗した人々であるにもかかわらず。番組がスポットを当てる主人公は、テーマによっては小さな町工場の親爺さんの場合もあるとはいえ、その大半は企業の技術者たちである。

番組の主人公たちがつむぐ物語は、技術の高度化や大量生産化といった時代の奔流に身を投じ、失意と落胆を繰り返しながら新技術のメカニズムを考案するまでで、その先がない。技術者たちの背後には、実は、彼らがもたらした技術革新に即応して新たな技能をその身になじませざるをえなくなった現場労働者たちの苦悩や、慣れない機械を用いた大量生産の過程で払われた多くの犠牲があったはずだが、これらのことは成功神話の底に沈澱してしまったかのように、本質的に語られることがないのである。そこには作業者たち一人一人の顔、つまり彼らが日々何を考え、どんな作業をし、その途上でいかなる結末を迎えたかという人間としての姿が見えてこない。本来あるはずの一人一人の織りなす生のドラマが、奇抜な発想による新技術や新製品の開発などに形象化された〝高度成長をもたらした技術大国としての日本の繁栄〟という物語に、あたかも絡めとられてしまっているかのようである。実はこうした表に出てこない人々こそが、番組の主題歌にうたわれている〝地上の星〟なのではなかったか。

本書で私が描こうとするのは華やかな繁栄の歴史ではなく、その陰に潜む地味だが着実な、しかも葛藤に充ちた近現代における労働者の歩みの歴史なのである。あの番組の口調を借りていうならば、それはもうひとつの「男たちの物語」である。

●ヴェーバー近代化論を超えて

ところで、これまでの日本近代化論はマックス・ヴェーバーにならい、主として近代的自我にもとづく労働観の出現と市民社会の形成を論じてきた。しかし、そもそも近代的自我なるものは一体何に由来するのであろうか。少なくとも日本の場合、その根源にあるものがプロテスタンティズムなどではなかったことは、今さら指摘するまでもないことだ。それに対して本書は、時代ごとの労働者たちの生の営みの姿を浮き彫りにしたい。そして、この作業はとりも直さず、これまでの近代化論に〝前近代的な価値合理性にもとづく日本近代の構築〟という新たな問題を提示していくことになるだろう。

たとえば「日本人は勤勉である」とはよくいわれる言葉である。しかし、そこにうかがえる日本人の自己意識、また「時は金なり」という勤労理念や「滅私奉公」などの勤労スタイルは、一体いつ頃から見られるようになったのだろうか。それは日本人の本質に帰せられる問題というよりは、労働者に勤労意欲を植えつけようともくろむ雇用者や国家によって戦略的に用いられた言説であったかもしれない。そうした戦略の実行および受容にはむしろヴェーバーのいう近代的自我形成に先立って、より当事者になじみ深い伝統的な思考法が媒介項の役割をはたしていたとは考えられないだろうか。

本書では右のような問題意識も踏まえながら、ヴェーバー的な従前の日本近代化論に対する二つの疑義を前提としながら、日本の近代社会像の再構築を試みるものである。

第一に、近代形成に対する客体化されたまなざしという点である。日本の近代化論は、まず西欧の「近代」概念をほとんど無批判に援用し、また「上からの」という言葉を常套句とすることによって、時代の流れを織りなす人々の個々の生きざまを十把ひとからげに捉えすぎてきたのではないだろうか。それゆえ本書は、日本近代における主体的な自己像の形成過程に瞠目するものである。つまり本書のもくろみは、西欧との接触によって図らずも近代を迎えた人々が、いかにそれにとまどい、また葛藤を演じながら近代人と化していったかを、日本の歴史的文脈に沿って復元していくことである。要するに、ザンギリ頭になったからといって、その中身までたちどころに近代人になったなどと断言することはできない、ということである。これまでは技術の近代化という点にとかく比重がおかれがちであったが、本書が問いかけたいのは精神《こころ》の近代化の方である。

本書が「職工」と呼ばれた人々に注目するのは、近代産業化という未曾有の労働状況にさらされた人々が、これまで脈々と体得してきた技術・技能を不本意ながらも作り変えなくてはならなかったという事情による。文中でも触れるように、彼らに求められたのは、戦前・戦中は軍需工業、また戦後は高度経済成長という、それぞれの時代に即応したいずれも大量生産のための技術であった。そのプロセスはこれまでの伝統的な職人観や生活の中に息づく伝承に対する見解に修正を迫ることになり、そこから日本人が近代人としての身体に生まれ変わっていく過程を描写できるのではないだろうか。

舞台となるのは北九州・八幡製鉄所である。周知のようにここは本邦初の近代的大工場が設立された場所である。私が製鉄業に注目するのは、それが在来技術をはるかに超克した、むしろまるで異種なる近代技術の移植によるものであったからにほかならない。昔たたら場があったとされる場所を覆い尽くし、天空を指してそびえる巨大な溶鉱炉はまさに近代技術の結晶であり、またそこで働くすべての職工の誇りでもありえた。溶鉱職は製鉄所の中でも当時の職工にとっては花形の職場であった。

とりわけ本書で取り上げる田中熊吉という人は〝神様〟と称せられる腕前をもち、同時にその勤勉な人となりは製鉄所全体で語られるほどの偉大な職工だったという。彼の語られ方の変遷を通して、まずは時代の流れを反映した会社の求める理想的職工観の移り変わり、またそれに倣って無数の労働者たちがいかに職工として形づくられていったかを描き出してみたいと思う。

第二に、功罪半ばする近代化の〝罪〟の部分に光を当てたいと思う。本書の場合、それは繁栄の陰に潜む無数の悲惨な死者と遺族の悲嘆という現実を投射することである。つまり大量生産・大量消費といった時代動向に即応した大規模な機械化が招く多数の労働災害(ことに〝挟まれ〟、〝巻き込まれ〟による大量異常死の出現)という悲劇がどのように受け止められていったかを、個々の当事者の立場から問い直すことであり、そこに伝統的な思考がいかに連動していったかを分析の軸とする作業である。これは換言すれば、労働災害の発生が解釈されていく際のメカニズムを、いわば「グラウンド・ゼロ」の地平から検証することである。

具体的には労災にまつわる八幡在来の祟り伝承、〝お小夜狭吾七伝承〟の行方を取り上げることになる。それは狭吾七が縛りつけられ最期をとげたとされる松の木の祟りであり、その行方が問題の焦点である。結論を先取りしていうならば、伝承の中心テーマが前近代的な祟り神から近代産業を擁護する安全の神、ひいては恋の神へと、時代の流れの中でスライドしていく様相が跡づけられていくことになるだろう。そして、そこから析出される企業による合理化および安全管理の進行と軌を一にした、このいわゆる〝神殺し〟とも呼ぶべきプロセスは、職工たちに今度はいかなる技術を技能として、その身になじませることを要請していくのであろうか。

総じて本書は、前近代的な伝承を土台としながら、時代的な脈絡に沿って構築されてきた日本の近代化の独自性を、技術・技能の身体化、理想的職工像の変遷、そして労災観念の変遷、という三つの柱から論じようとするものである。そして、これらはまさに合理性に裏付けられた日本的な労働観念の礎となったのである。

それでは、先に取り上げた番組の口調で一言付け加えてから、この職工たちをめぐる近代産業化百年のプロジェクトを語り始めることにしよう。

「これはそんな激動の時代を生き抜いた名も無き男たちの、もうひとつの物語である」と。

第一章　近代産業社会に生きたものづくりたち

近代産業の導入とともに出現した新たなものづくりは「職工」と呼ばれた人々によって担われてきた。現場での経験から体得された技術や技能、またその作業内容自体に、これまでにも存在していたものづくりにたずさわる人々、つまり職人と呼ばれる人々とは明らかに、そして格段に隔たった特徴があった。たとえば製鉄業の場合を考えてみよう。

鉄づくりの職人といえば、私などはまず文部省唱歌にもうたわれた「村の鍛冶屋」をなつかしく思い浮かべる。主に鍋釜などの生活雑器を作っているだろう鍛冶屋の親爺は、「早起き早寝の病知らず」といったように自分でその生産者としての生活を律しながら、「長年鍛えた自慢の腕」一本で「仕事に精出す」のであり、そうした様子が鍛冶の工程も含めて村人たちに親しみをもって受け入れられている。彼は伝承技能を体得した自律するひとりのものづくり（= master）であり、彼の仕事についての認識は周囲の人々にも共有される。

ひるがえって、近代産業としての製鉄業は外来の最新技術によって支えられ、それゆえ国家という巨大な後ろ盾なしには存在しえないものだった。この一大プロジェクトの下に集められた職工たちは、殖産興業という大目標に向かって一元化され、生産工程を構成する歯車のひとつとして管理されたものづくり（= laborer）といえた。工場の周囲には高い塀がめぐらされ、また彼ら自身も身分証なしには構内に立ち入れないなど、現場はひどく閉ざされていた。そこは天を覆わんばかりの黒煙と溶鉱炉から流れ落ちる火の滝、作業場全体が共鳴盤となって響きわたる鉄板のおたけび、耳を聾するほど激しく回転する機械の轟音に包まれており、それ以前の時代とは明らかに異なる近代的な光景が展開していた。そういう過酷な労働現場におかれた職工たちをめぐっては、近代以降、そこで一体どんな情景が展開されてきたのだろうか。

第一節　職工と呼ばれた人々

●歴史舞台への登場

製鉄所のような大規模近代工場では、機械、電気、ガスなどの各種技術が西欧から導入されるに及んで、機械を操作する多数の働き手が必要とされるようになった。この人々、すなわち職工は、それゆえ近代の産業化・工業化とともに出現した新しい職分であったといえる。彼らは肉体的な熟練を通して機械操作や修理に関する知識や方法などを修得した労働者であり、その意味で伝統的な職人とは似て非なるまったく新たな職分として、この時代に登場したのである。

近代工場で職工たちが学んで駆使したのは、まず作業の手順とそれを現実に行なうことの意味を把握し、かつ作業全体を円滑に進めるうえで必要とされる知識、すなわち「技術」であった。また技術は熟練を通して肉体的に修得されるべきものだが、すでにそうなった状態を特に「技能」と呼ぶことにしたい。

さて、そもそも「職工」という呼び名であるが、それはわが国において比較的早くから用いられていた輸入語だったらしい。すでに文化七（一八一〇）年に刊行された辞書『訳鍵』に、ドイツ語の"Werklieben"の訳語として収められている。明治期に入るとよりさかんに用いられるようになり、たとえば明治一六（一八八三）年には東京工業大学の前身となった職工学校が設立され、明治三六（一九〇三）年には農商務省による『職工事情』と題した調査報告が刊行されるなど、一般用語として普及していた様子がうかがえる。たしかに明治期後半から大正期にかけては農漁業者や職人からの転身者も多かった。そして職工はこの頃すでに、資本家に雇用される労働者を指す語として定着していたのである。

　とはいうものの、職工はそれ以前からあった職人と何がどう違っていたのか、具体的な定義はいまだ明示されておらず、職人の下位概念に位置づけられているのが実状だった。昭和七年から一二年にかけて刊行された『大言海』をひもとくと、そこに「職工」という項目は一応みられるものの「職人ニ同ジ。工匠」と記載されているのみで、一方、「職人」の項目に「テビト。タクミ。大工、左官ナド、スベテ、手技《テワザ》ニテ物造ルヲ生業《ナリハヒ》トスル者ノ総称。職工。工匠。」（傍点・筆者）とある。またそのうちの「タクミ」の説明として、「器械を用ヰテ、一切ノ物ヲ造ルヲ業トスル者ノ総称。職人。工匠。」と記されている。つまりここでは「職人」が「器械」と結びつけられており、「職工」との概念上の混濁が見受けられる。また「工員」という語はまだ『大言海』には登場せず、よってこれらの言葉が一般に市民権を獲得するのは少なくとも昭和一二年、すなわち日中戦争以降に該当することから、比較的新しい造語であることが読み取れる。

　それでは、職工たちのものづくりに内包された新しさとは何だったのか。職人ととかく混同されがちな彼らの仕事は、職人のそれとどこがどう違っていたのだろうか。ここではまず何よりも、両者の違いをはっきりとさせておく必要がある。後述するように、いまだもって職工たちの多くは職人との比較心理のうえに、良くも悪しくも自身をアンデンティファイするという傾向があり、そのことが彼らの労働意欲、労働倫理と密接なつながりをもつからである。

●職人の条件、職工の条件

職工に明らかな定義がなく、職人の下位におかれたり、また職人と混同されたりすることは、そのまま職工と呼ばれる人々の地位のあやふやさを暗示しているようだ。そのためか世に職人論は多々あれど、正面切った職工論というのは管見のかぎりお目にかかったことがない。それは職工という存在を定点観測できる場が社会の中に備わっていないということで、取るべき方法は職人論に依拠しながらこれを逆照射することしかないのである。

以下に参照するのは経済史学者・尾高煌之助の職人論である。尾高は職人の条件として四つの点を指摘し、それとの対照から職工を考えるうえでのいくつかの糸口を見出している（尾高、一九九三）。

職人の条件とは、第一に、道具、設備などが私有されること。

第二に、「腕」（技能）の善し悪しが生産品の出来栄えなどによって客観的に判断され、さらに、その結果に応じて個人に対する社会的評価が決定されること。

第三に、彼らの技能はそうした作業の所作や微妙なさじ加減を完全に自己の身体に叩き込み、なじませるまでのプロセス、すなわち「体で覚える」という身体化の条件を通じて蓄えられるが、それには数年間の「徒弟修業」（見て覚えるなど、見よう見まねの経験による技能の修得）を要すること。

第四に、仕事の決定は作業する本人の裁量にまかされること。

これらを職工に付帯する諸条件と対比させてみると、以下のようになる。

第一に、職工とは企業や会社という他者のために雇用される存在である。だから彼らが使用する労働の道具、つまり機械は当然ながら自前のものではない。

第二に、職工の技能は、規格品（機械部品や既製服など）を大量生産する目的に沿って身につけられたものである。したがって、その労働成果に対する社会的評価は個人の技能に帰せられるものとはなりえない。それはそのまま雇用主である会社や企業への評価へとすり替えられてしまうからである。そして会社や企業の名声はそこで働く職工たちの間に職場への帰属意識を生み出し、ひいては愛社精神を生み出す基盤ともなる。にもかかわらず、労働に対する報酬が、職人のように個人に対して支払われる「報酬」としてではなく、雇用主からの「俸給」という形をとらざるをえないのは、まことに皮肉な話である。

第三に、職工の技能も身体化されたものではあるが、それは〝弟子入り〟を契機とした徒弟修業の結果ではなく、一般に〝就職〟によって配属された現場（所属部署）での体験を通じて修得されるものである。場合によっては専門学校や工業高校などでの専門教育を経て、入社後に再教育を受けるケースもある。また企業によっては専門教育機関を設けている所もあり、そこでの技能修得は職工の出世と密接にかかわっていた。

第四に、分業化された職工の仕事はすべて会社の管理に依拠し、限定された決定権以外に個人の裁量にゆだねられる部分はほとんどない。

一方、産業社会論の中岡哲郎は、工場という労働形態が新たな技能特性を生み出した、という興味深い指摘を行なっている。中岡は工場で働く人々に要求される資質として三つの要素をあげている（中岡、一九七一）。

第一に、「規律への服従」である。工場での作業は長時間にわたる集団的共同作業だからである。

第二に、従来の読み、書き、算盤に加え、科学的知識という「必要最低限の基礎学力」が求められる。生産の道具として高度な機械を駆使しなくてはならないからである。

第三に、「技能訓練」である。それも成人ではなく、義務教育終了直後の若年者の方が効果的とされる。中岡は、こうした訓練を経て獲得される技能が、生産工程においてはことさら重要と指摘している。技能には、個人技能とチーム（班）技能とがあり、この二つは相互補完的な役割をする。

個人技能は肉体的資質ばかりでなく、熟練によって新たに獲得される機械操作や素材の取り扱いなどもさしている。それは従来職人に必要とされたコツや勘といった個人的素養に加え、作業原理にかかわる科学的知識の修得をも前提条件とする。他方、チーム技能とはそうした個人技能を踏まえたうえで、再度の熟練を通じ獲得されるものである。それは分業的協業という工場における作業特性と密接にかかわっており、そのため各工場や作業部門に対応した作業連携のためのさらなる熟練が要求されることになるのである。また、そこから作業遂行上、統括役としてのリーダーの存在意義が新たにクローズアップされるようになったという。はたして工場での作業に従事する人々の労働は、これまでの職人とは異なる「知的な緊張に満ちた作業」となったのである（中岡、一九七一）。

中岡の指摘に見るように、〝工場労働〟という一点において職人とは明確に差異化されるべき新たな職分がそこに登場したのであった。前出の尾高が論じたのは職人に対比させた場合の職工の属性についてであったが、それは工場という場があって初めて当為性をもちうるのである。本書では厳密な意味で、かような労働者を「職工」と呼ぶことにしたい。

●「時は金なり」という呪縛

ヴェーバーによれば、工場労働に見られた特質が即、近代工場成立の歴史的な要因ともなりえたという

（ヴェーバー、一九五四）。そこでは工場の本質が機械労働それ自体にではなく、仕事場での労働規律、生産工程に対応した各部門の専業化、それぞれ異質な労働の分業化による協業、といった組織原理に求められた。ことに労働規律の整備と生産工程における部門ごとの専業化は、機械使用に先行する条件として最も重視されている。

加えて尾高が四点目に指摘した自己決定権の問題も、職人の仕事と職工のそれとを差異化するきわめて重要な基準といえる。職人の場合、仕事の受注から生産の工程、ペースにいたるまで、ほとんどすべてが彼の決定権にまかされている。たとえばエルメスのケリーバッグを注文した顧客がその出来上がりを何年でも待っているように、消費者の側が職人の裁量や都合にとことん従わなくてはならないようなケースさえあるのだ。ことに現今の消費社会にあっては、むしろ楽しみを先延ばしにすることによる価値が付加される場合が多いといえる（山崎、一九八四）。職人の仕事などはまさにその典型である。ひるがえって規格品を大量生産する工場という現場はその対極にあり、また雇用者の側からしてもノルマ達成という点がいちばん重要になってくる。つまり生産能率に対する見方が、職人と職工とでは一八〇度異なっているのである。

「能率」という観念は明治末期、労務管理の一環としてアメリカから導入された。発案者の名にちなんでテーラー主義とも呼ばれている。それは当初から「時間」と結びつけられ、そのまま「賃金」に還元されるものと解釈されてきた(1)。「時は金なり」という格言は、まさしく近代に成立した新たな観念の表現であった。アメリカ産のそれは奇しくも生産に要する職工を自前の工場で育成する、いわゆる「日本的養成制度」の現出を契機とした労務管理の転換と連動したかたちで、急速に雇用者間に浸透していったのである。

能率観念の登場後、労働はつねに「納期」に縛られたものとなり、かくして職工たちは作業ペースやそれに応じた時間配分、遅刻の厳禁といった時間管理のもとにおかれることになった。それにともない、工場内では時間を知らせるためのチャイム（汽笛）やタイムレコーダー（電気時計）が設置され、時間厳守という新たな徳が貫徹されるようになっていく。実際すでに戦前期のある工場では、ストップウオッチで作業時間を管理する「アンドカー」と呼ばれるシステムが実施され、作業者は定められた工程表にしたがって分刻みで管理されていた（小関、一九八四）。

能率観念の誕生とともに現れたのが、「遅刻」という考え方であった。昭和元年の『マネジメント』という雑誌には、遅刻に対する制裁についての興味深いアンケート記事が掲載されている。アンケートは陸軍造兵廠で実施されたものだが、事務員の場合、遅刻は賞与などに影響する程度だったのに比して、職工や鉱夫の場合、遅刻や欠勤に対してより厳格な処置（時間に応じた減給処分）がとられていたという（橋本、二〇〇二）。なぜなら生産活動に直接たずさわる職工たちの仕事は、金に換算されるべき〝時〟を稼ぐことにほかならないからである。

●求められた職人技の変化―多能性から単能性へ―

管理体制はさらに技能の内容にまで及び、そこでは分業の流れをいかに円滑に進めるかが大事であった。そのためには配属された各自の作業部門、および他の部門との作業連携にかかわる技能以外は、すべてムダなことであった。こうして職工の技能は、作業全般に対する責任が課されない単能的なそれへと押しとどめられることになる。

たとえば製罐作業に従事する労働者は、能率観念の導入以前は、平面に描かれた図面を一見しただけで立体的な製品の姿が描ける技能、つまり部分から作業の全体図を起こせるという多能性を有していた。ところが管理体制の強化によって、彼らはいつしかそうした特殊技能を骨抜きにされてしまったのである。このことは彼

写真1　金床とその使用例

らの多能性の象徴ともいえた工具・アンビル（角床《つのどこ》）の消滅とも関係していた。

アンビルは左右に長さと形の異なる角をもった高さ約三〇センチほどの工具で、西洋より導入され、すでに明治三一（一八九八）年頃には工場内で使用されていたらしい（図1）。平らな張り出し部分は主に鉄板を叩いて折り曲げたり巻き込んだりするのに用い、反対側の丸みを帯びた角のある部分では丸鋼を曲げたり巻いたりする。その際、丸い角の部分の用い方しだいで、太い輪環からはては小さなリングにいたるまで、いかような形でも自在に造形することができた。このようなアンビルはかつて職工の技能と結びついた万能工具であり、その意味で使用者の多能性の象徴であった。

図1　アンビルの初見〈ハンマーをもって作業している左の男性の足下に注目〉（横山源之助『日本の下層社会』岩波書店、1949）

それはちょうど、職人と彼らの道具である金床《かなどこ》（鉄などをハンマーで打つ際の叩き台）との関係にも似ていた（写真1）。この点を物語るひとつのエピソードが伝えられている。ある職人が鍛冶の徒弟修業中にハンマーを振るっていたとき、誤って金床の表面を傷つけてしまったところ、親方から「一生一代の傷だぞっ」と激しい口調で怒鳴られ、焼けた鉄の棒を放り投げられたという話だ（森、一九八一）。

職工とアンビルをめぐっても、これと似た話がある。ある半人前職工が誤ってアンビルを傷つけたところ、

図2　職工のシンボルとしてのアンビル（蒲生俊文『必勝の生産　鉄壁の安全』産業福利研究会、1943）

普段は温厚な先輩がいつになく厳しい表情でこれを叱りつけた、という話である。つまりアンビルは職人にとっての金床と同じくらい、職工にとっても大切な道具であった（図2）。

だが高度成長期に入ると、職工の万能工具アンビルは町工場からさえも姿を消すことになる。そしてその消滅とほぼ時期を同じくするように、職工の多能性はしだいに失われ、各自担当の機械に対応しうるだけの単能的な技能へと転ずることになったのである。そうした中では、多能的な技能に対する批判すら起こり始めた。

当時すでに町工場で管理者の地位についていた森清は、これについて次のように証言している。いわく、ベテラン職長のやり方では現実に企業利益を上げることはむずかしい。むしろ彼らの技能は「企業側が計画した枠内でその流れに沿って発揮」されなくてはならないのだ、と（森、一九八一）。企業利益という金を稼ぐために、管理者は職工たちからそぎ落とせるだけのムダな動きをそぎ落とし、そうやって時というものを節約しようと試みたのである。

さて、いっさいのムダを禁じられた流れ作業の中で、ひたすら部分に徹することを強いられた職工たちは、とりわけ職人という既知なる存在との比較心理のゆえに、数々のジレンマに陥ることになった。溶鉱炉が睥睨する囲い込まれた作業場での労働の日々に、彼らが抱いていたそれは一体いかなるリアリティであったのか。

第二節　職工たちのつぶやき

●なぜ職人は高く、職工は安いのか？

一般にものづくりにたずさわる人々は、自前の道具を用い、自らの手で製品を作る技量を身につけているとされる。このような技能を保持する人々は職人と呼ばれ、それをマスコミなどが〝匠《たくみ》〟の腕や技といって持ち上げるのは、現今おなじみの光景であろう。そうした手業は当人たちにとってはちょっとしたコツや勘によるものであり、それだけに自分の仕事に対する誇りにもなっている。だが彼らは一方で、こうしたコツや勘を身につけるには長期の熟練、あるいは親方の下での厳しい徒弟修業が必要であったと、付言することも忘れない。

他方、消費者の方でもまるでそのことと呼応するように、職人たちの熟練の技が何やらありがたみを帯びて受け止められている。たとえば一冊の通販カタログを開いてみよう。そこには「欅《けやき》職人が丹精に仕上げた高級感漂う民芸風のボード」とか、「伝統的な職人技が光るナポリの靴メーカー、〇〇社のパンプス」、「製造の全工程を熟練した職人の手縫いにより、丁寧に作られたバッグは、こだわりから生まれた究極の贅沢さ」などと、いかにも買い手の購買欲をそそる数々の惹句が躍っているはずである。このとき〝職人〟〝伝統〟〝熟練〟〝手作り〟〝こだわり〟といったキーワードは、何の変哲もないひとつの品物に高級感という衣を着せ、消費者心理をくすぐるマジックとなる。

ところで、私はこの〝熟練〟という言葉を聞くときに、ある種の疑念を抱かずにはいられない。実際、熟練の技は宮大工や刀鍛冶などの伝統技術ばかりでなく、鉄鋼産業などの近代工場から、はては小さなネジ、またミクロレベルの精度が要求されるハイテク技術の機械部品を作る町工場にいたるまで、およそものづくりに従事する人々には共通して見られる属性だからだ(2)。にもかかわらず、技能といえば即〝精巧な職人の手業〟といった先入見でもって語られがちで、その点、工場でものをつくる職工などは一顧だにされない存在であった。逆に伝統的な職人といわれる人々でさえ、その手作りとされる技の一部は現在すでに機械化されており、使用する道具も自前のものではなくなっている場合が多いというのに、不思議とこうした事実は見過ごされているのである。

それでもやはり職工の技能に対する社会の見方は、おおむね決して高いとはいえない。それは一体なぜなのか。

「宮大工も俺らも同じ手作り。だのになぜ彼らは高くて、俺らは安いのか」

これは私がとある町工場でたまたま耳にした一職工のつぶやきだが、彼は自分の仕事に対して「同じ手作り」の自負を抱きながらも、その社会的評価が職人に比して一段低いという現実に、深いジレンマを抱え込んでいるのだった。さらに彼は言葉を続けた。

「あちらは国から伝統技術として保護されるのに、俺らは必要なときだけは作れ作れといわれて、それも景気が悪くなりゃ無視される。せっかく覚えた腕も、これじゃまるで使い捨てだよな」

昨今のデフレ状況は、必要な技能を人件費の安い海外に求めるあまり、自国の職工たちをどんどん切り捨てていく一方で、逆にある特定の一握りの職人たちのそれを「伝統の技」と持ち上げてブランド化し、付加価値を見出そうとする傾向にいっそうの拍車をかけた。したがって彼の言葉は市場の動向にもろに左右される、まるで木の葉のようなその生活実感から漏れ出た嘆息であった。同じ与件のもとで一方はより豊かになり、もう一方はより先細っていくというこのジレンマの意味は、それではどのように読み解けばよいのだろうか。

新約聖書に「だれでも持っている者は、与えられて豊かになり、持たない者は、持っているものまでも取り上げられるのです。」というイエスの言葉があるが、社会学者マートンはそのくだりが記された福音書の名にちなみ、世の中で生じているこれと似た現象を「マタイ効果」と名づけている。つまり同じものづくりの技能でも、その存在を伝統的に広く認知されている職人はさらなる価値を付与されてきたのに対し、そうではない新興勢力である職工の場合、実際には〝ある〟技能までが、まるで〝ない〟もののように受け止められてしまうのである。こうした社会的評価の格差はまた、両者の間の経済格差へも直裁に結びつく。

職人に比べて職工たちが抱く不平等感は、まずこのような社会学的なメカニズムに要因の一端を見出すことができるだろう。そこには「なせば、なる」式の因果論が適用されない理不尽さがあり、彼らが苦しむのは別に彼らに非があるからではない。もし罪があるとすれば、それは（特にこの不況の時世に）彼らが「職工である」という事実そのものなのである。

●「職工成金」という見方

前記した「マタイ効果」は、マートンがラベリング理論を展開するうえで提示した概念である。彼の考え方を要約すれば、「逸脱したからラベルを貼られるというより、ラベルを貼られたために逸脱となる」ということである。その伝でいけば、職工は「職工」というラベルを貼られた時点で、すでに社会的に貶価される宿命におかれたことになる。

同様のメカニズムは、社会一般の人々が彼らに向けるまなざしにも作用している。すなわち職工を〝無学＝

品格の無さ〟と見なすイメージがそれである。これは人間性に優劣をつける際の少なからぬ判断基準ともなっていたようである。

たとえば大正七（一九一八）年の『横浜貿易新報』には次のような記述が見られる。

「その言葉つきやら顔の造作をみると、たちまちハハアこれが職工成金の連中だとうなずかれる」（傍点・筆者）

職工成金とは、第一次大戦がもたらした好景気を背景に、腕のよい職工たちをめぐって工場間での引き抜きがさかんに行なわれた結果、社会に急浮上した高給取りの職工たちをさす。いうまでもなく、この言葉には明らかに蔑みのニュアンスが含まれている。大金を手にした彼らは都市の高級飲食店などに頻繁に出入りしたが、世間の人々はいくぶんかの羨望を抱きつつその姿を苦々しく眺めていたにちがいない。

だがそれは実にまっとうな手段での金儲けであり、彼らこそはまっとうな近代合理主義の体現者であった。高級飲食店への出入りは流した汗水に対する当然の報酬であり、職工たちにはなんら後ろ指さされるいわれはないのである。にもかかわらず、そうした行為が成金と揶揄されるのは、彼らが単に「職工である」からにほかならない。同じ状況を職人の場合にあてはめてみれば、そこに作用するマタイ効果のほどはたちどころに理解されるだろう。

北九州には職工に対して、「サンコータイ（三交代）」という軽侮を含んだ呼び方をする人々がいる。職工は「職工である」がゆえに、その人の本質とはかかわりなく、十把ひとからげに「サンコータイ」というネガティブなラベルを貼られるのである。そんなわけで私が接した職工たちの中には、「職工」とか「工員」という言葉をひどく嫌い、世間的には「会社員」を名乗っているという人が多くいた。事実、八幡製鉄所で刊行されている雑誌『製鉄文化』のある書き手も、戦後の職工事情を次のように打ち明けている。かつて職工は敬愛と親しみの念を込めて「職工さん」などと呼ばれたが、戦後入社組の間では「どうせ職工は……」という自嘲めいた用法に変わり、「サンコータイは人間ではない」とまでいわれるようになったという（熊本、一九六七）。自分たちの仕事には自負と愛着を抱きながらも、しかし一方では、「職工」というラベルに内包された世間のネガティブ・イメージを鋭敏に察知している彼らは、自らの人間性をめぐる実体と想像体のはざまで、大正期以来このかた、一般社会との間の埋めがたいジレンマから免れずにいるのである。

●自分の仕事に名を刻む

能率観念の浸透とともに単能化を余儀なくされた職工たちは、さらに、仕事と仕事する自己とが折り合えないというジレンマにもさいなまれる。それは職人と違ってものづくりに自己完結できないという飢餓感や、出来上がったものに自分の顔が反映されないという虚無感などに起因する。

こうした状況はアメリカ人ジャーナリスト、スタッズ・ターケルの記述とも重なり合う（ターケル、一九八三）。製鋼所のある中堅労働者に取材したターケルは、彼がしだいに労働意欲を喪失していく経緯を克明に述べている。原因は主に彼の体得した熟練作業、すなわち滑車を使って鉄をもち運ぶという単純労働がもはや時代に必要とされなくなった点にあるが、ターケルはもうひとつ重要な証言をその語りから引き出してくる。

くだんの労働者は、汗水流してくたくたになるまでして運んだ鋼材の行方を、「何がどこへ行くやらさっぱり分からない」とつぶやく。だからその不安を打ち消すように、自分の扱った鋼材がたとえいかなる場所で建築材料として用いられようと、一見して自分の仕事とわかる小さなへこみを刻むのだという。彼は自分の仕事をピラミッドの石になぞらえ、このささやかな抵抗について弁明する。

「おれはピラミッドに名前を刻みたいとおもうね」

彼はピラミッドという悠久の建造物の背後に、名もなき無数の人間たちの労働の痕跡を見、そこに自身の境遇を重ね合わせたつもりなのだろう。そしてピラミッドという偉大な建造物がこの世に残存するかぎり、彼の名もまた永久に、その威容に包まれて生き残るのである。さらに彼は言葉を継いだ。

「誰もが、指さすことができる自分の仕事をもつべきなんだ」

このような彼の主張は、大量生産という社会のしくみに翻弄され、自己の労働に憔悴しきった職工たちの現実の姿を裏返したものといえよう。

そんな職工たちの焦がれるような自己意識の表出に比して、職人と呼ばれる人々はどうであろうか？

職人といえば、永六輔のベストセラー『職人』（一九九六）を思い浮かべる読者もいるのではないだろうか。その中で、ある昔気質の職人は次のように語っている。

「グラビアに収まったり、嬉しそうにマスコミのインタヴューを受けている職人は、職人じゃありません。職人は自分の仕事以外で気をつかわないものです」

同様のことがらを、別の職人はこんな言葉で表現する。

「腕は客に見せなくたっていいもんだよなァ」

そこには「長年鍛えた自慢の腕」一本で世の中と渡り合い、生き抜いてきたという彼らの自負がうかがえる。それはまた「つくった物がものを言う」という激しい自己意識にもつながっているようだ。

だがその一方では、次のような証言も聞かれたという。

「昔の職人さんてのは、オレがつくったんだ、東京駅はオレがあそこのところをやったんだとかね、よく言ってましたよ。あそこの柱はオレが削ったんだとか」

この一見してアンビバレントにも思える二通りの自己意識は、しかしながらいささかも相矛盾するものではない。これもまた多能的な職人なればこその語りであり、内に秘めた自負心を明言するかしないかの違いでしかない。

職工にとってこのような自己意識をもつことは、どんなに望んでも手に入れられない、まるで狂おしいほどの憧憬といえるだろう。彼はある製品の特定の部分しか作り出せず、大量生産の規格品には独自の意匠など盛り込めるすべもなく、よって自分の仕事に対する目に見えるかたちでの達成感に飢えている。

「あちらは国から伝統技術として保護されるのに、俺らは必要なときだけは作れ作れといわれて、それも景気が悪くなりゃ無視される。せっかく覚えた腕も、これじゃまるで使い捨てだよな」

前出の職工が吐露したこの苛立ちは、石碑に自分の名を刻むように、労働に自らの生の証を注ぎ込みたいという渇望の裏返しである。そうでなければ由々しきことに、まったく自分という存在は、完全に世の中の「使い捨て」でしかなくなってしまうのだから。それではこうした自己疎外の感覚は、職工をとりまくいかなる状況にその原因を見出すことができるのだろうか。

●モダンタイムズの不安

ターケルによれば、精神分析学者フロイトは「文明とその不満」（一九三〇）の中で次のように述べている。「仕事は少なくとも、その人に、現実の一片と、人間社会とにおける安定した場所を提供する」（傍点・筆者）先に述べたような職工たちの現状を考慮に入れると、この指摘はやや楽観的ではないかとの疑義をはさまざるをえない。

労働における自己疎外といえば、私には、チャップリンの「モダンタイムズ」におけるあの有名なシーン、林立する機械の間で歯車にはさまれるようにして働くことの悲愁を、あえてコミカルなタッチで描いた例のシーンが想起される。

そしてこの情景と折り合うようにして立ち現れるのは、調査地・北九州某所のとある酒場で、ひとり大声をあげて憂さを晴らしていた一職工の姿である。

「下を見るがいいっちゃ！　はなから決まったことっち。お前の仕事はそげん決まっちょるんよ」

彼の言葉は、ちょうど「モダンタイムズ」のあのような労働の現場からしぼり出された叫びにちがいない。「お前の仕事はそげん決まっちょる」……、機械の歯車の一部としてがんじがらめに組み込まれ、そこであらかじめ決められた所作をただ機械的に反復する。彼には自分を縛っているものの正体が見えず、そのことが彼をひどく困惑させるのだが、胸中にくすぶる焦燥感と憤懣をどこへぶつけたらよいのかわからない。だから彼には自嘲するしかないのである。コップについだ酒を乱暴にあおってから、彼はまたも毒づいた。

「けんど、なんぼどない仕事したっち、おんなじこっちゃ」

たとえ会社や企業に属するサラリーマン的な職工でも、与えられる仕事は精神衛生上、彼らに対して必ずしも「安定した場所」を保証しはしない。また前出のターケルの著作に登場する労働者が、いみじくも「何がどこへ行くやらさっぱり分からない」と語ったように、彼らの手元には真に「仕事をした」と実感できる「現実の一片」すらも残されないままである。

さらにめまぐるしい世情の変化は、会社や企業というかりそめの居場所すらも彼らから奪い去ることになりかねない。ターケルが取材したあの労働者の場合も、もはや鋼材運搬の技能などは時代の流れにそぐわず、それゆえ彼は早晩「安定した場所」から切り捨てられる運命にあるはずだ。このように必要とされる仕事の内容はつねに市場の動向を睨みながら、時代の要請に即応して変転を余儀なくされる。ある技術や技能がひとたび時代遅れと目されればこれを廃棄し、新たな時代に適合した技術や技能をまた一からマスターすることが労働者たちには要求される。グローバル化の時代を踏まえ、英語やコンピューターなど、これまでに馴染みのなかった技能の修得に駆り立てられ、あげくに多くの中高年サラリーマンがリストラされていったというのも、つまりはこれと同じ脈絡である。かくして時世の変化にうまく適応できるか否かという尺度が生まれ、そのことが労働者たちの間に深刻な不均衡状態をもたらしたのである。

バブル崩壊後の現在、同様の現象はホワイトカラーにまで及んでいる。これまで自明なことであった終身雇用制にゆらぎが生じ、ある日突然「安定した場所」から追放される。あるいは、「安定した場所」そのものの消滅。そこにグローバル化の進行が、国際競争力という脅迫状をたずさえて、さらなる追い討ちをかけてくる。私たちは今、そういう不安定な現状に暮らしている。そんな時ふと、会社に依存することで一定の生活水準を維持してきたこれまでの生活をどう切り替えたらよいのかと、一抹の不安を抱かずにはいられなかったりする。ある人はそこで自嘲に走り、またある人は「明日があるさ」と空元気で自分をなだめる。フロイトのいう「仕事」の意味を会社や企業に求めようとした日本的経営の時代は、成長神話の暖かなふところの中でこそ孵化しえた、南柯の夢にすぎなかったのである。

「モダンタイムズ」に描かれた不安は今、リストラへの怯えによって膨らんだ労働意欲の喪失という暗雲を引き連れて、平成日本の上空に深く厚くたれこめている。この混迷の雲間から陽が射すのは一体いつのことであろうか。少なくとも右に述べてきたような数々のジレンマが乗り越えられ、なかんずく職工たちの間で労働への意欲が内発的に動機づけられるためには、そして冒頭のフロイトの言葉がふたたび現実と折り合うためには、一体いかなる新たな労働倫理のあり方が模索されるべきなのだろうか。元気な頃の日本が回復されるための道しるべとして、私は労働文化の現在と過去から未来を見晴らしてみたいと思う。

第二章　八幡製鉄所とともに生きた人々

国家の命運をかけた官営製鉄所の設置にあたっては、早くも藩政時代から製鉄業を営んできた釜石（岩手県）、海軍工廠がおかれた呉（広島県）など、当初からいくつかの候補地が我先にと名乗りを上げていた。それに比べて何の実績もない遠隔の地・八幡への誘致が成功したのは、燃料となる石炭を供給する筑豊炭田に近いという利便性や、洞海湾に面した良港が存するという立地条件のほか、八幡村長が積極的に動いたことによる。誘致運動には村長の父親にあたる若松町長、それに地元資本家である安川家などもかかわっていたという。父祖伝来の土地を死守しようとする在来民たちの猛反発に対し、村長が「八幡百年の大計」を説いてこれを鎮めたとの逸話が残されている（原田、一九四二）。

こうして我が国初の巨大な溶鉱炉に火が灯され、製鉄所が産声を上げたのは明治三四（一九〇一）年のことだった。その設備は近代技術の粋を結集したもので、日本人技術者たちだけでの操業は当然にして困難をきわめた。そこでドイツから技術者たちを招聘して直接の指導を仰ぎながら、一方では温故知新さながらに伝統的な職人たちの技に知恵を求めたのだった。

第一節　青年は鉄都をめざす

●八幡製鉄所と鉄都の形成

まず八幡地域を中心とした鉄都・北九州の形成過程を、製鉄所の発展と絡めながら概観しておこう。

製鉄所設立以前の北九州地方の繁栄といえば、それは小倉を起点とした長崎街道上に点在する宿場町を中心としたものであった。現在の八幡区域でいえば木屋瀬、黒崎までで、そこから戸畑へといたる八幡や枝光などは完全に街道から外れていたのである。ところが幕末から明治期にかけて筑豊炭田が発見されると、この地方は未曾有の好景気に沸くこととなり、明治二四（一八九一）年以降の相次ぐ鉄道の敷設により、状況は急展開を見せ始めたのだった。石炭の運搬経路として当初は遠賀川などの河川が利用されたが、やがて明治三〇（一八九七）年頃を境にその需要は鉄道へと逆転していく（図3）。それまで半農半漁の貧しい辺境の村にすぎなかった八幡に白羽の矢が当たったのは、このような時期であった。ほどなくしてその影響は、同じ鹿児島本線で結ばれた隣村の戸畑にまで及ぶようになる。こうして鉄道の主要駅ともなった八幡と戸畑は、製鉄所の発展とともに新たに地域形成されたのである。

製鉄所には広大な敷地が提供され、明治三四（一九〇一）年の開業に前後して、八幡地域の人口は急速に膨れ上がっていった。開業前の明治二二（一八八九）年当時の人口と、開業翌年にあたる明治三五（一九〇二）年の人口統計とを比較すると、八幡は五倍弱、戸畑は二倍強に激増している。その後、日露戦争による軍事生産の需要から拡張工事が相次ぐ中、八幡は急速に発展して〝鉄都〟と称されるようになる。こうして大正五（一

図3　河川から鉄道運搬へ（山本作兵衛、1973）

九一六）年には早くも市政が施行されるが、すでにその頃になると、製鉄所開業以前に比して八幡は四〇倍弱、戸畑も一〇倍弱と、より著しく人口が膨れ上がっていた様子がうかがえる（表1）。

次に地域の棲み分けについて見ておこう。

製鉄所はその利用目的に応じて、八幡を計画的に空間分割していった。まず本事務所の置かれた枝光を中心とする地域には、工場と職員（ホワイトカラー）官舎が建てられた。一方、前田地区（第五章参照）を中心として八幡一円には職工官舎も建てられていったが[1]、そのうち尾倉地区が郵便局や銀行などのある商業地帯として開発されたのに対し、大蔵地区には「職工養成所」（明治四三（一九一〇）年、昭和二（一九二七）年には「教習所」と改称）や貯水池などが設置された。その後、明治四四（一九一一）年から大正四（一九一五）年にかけてさらなる拡張工事が行なわれると、枝光は空間的に狭小化してしまい、市街地に収まり切れない人々は隣接する戸畑へと流れることになった。

すでに開業当初から八幡では職工たちに提供する住宅

が不足していたため、戸畑は比較的早くからその流入を受け、人口を徐々に増大させてきた。つまり戸畑の役割は、八幡が抱えきれなくなった人口の受け皿となることだった。

戸畑では明治三二（一八九九）年に町制が施行され、製鉄所開業の翌年には鹿児島本線が開通した。また明治末年になると製鉄所技術者の養成機関として明治専門学校（現・九州工業大学）の開校と続き、さらに大正年間には製鉄所下請けの中小工場も多数立地するようになった。このような中、先に述べた枝光地域の狭小化ともあいまって、戸畑は急速に製鉄所の市街地としての性格を強めていくことになった。他方、戸畑の本格的な工業化を決定づけたのは、大正六（一九一七）年の㈱東洋製鉄戸畑工場の設立である（昭和九年、製鉄所に吸収合併）。戦後には製鉄所の生産拠点が八幡から移され、また高度成長期を通じて戸畑は近代工業都市としてさらなる成長をとげたといえる。しかしオイルショック（昭和四八年）の打撃は〝鉄冷え〟を招来し、それとともに戸畑の街も斜陽を迎え、以後、衰退したまま現在にいたるのである。

本書の主人公である職工たちが生活を営んだ八幡（あるいは戸畑）地域とは、ざっとこのような場所であった。

●胸にゃでっかい夢がある

製鉄所の開業当時、全国各地の農漁村からは多くの現業従事者が集められ、職工として雇い上げられた。そんな人の流れに吸い寄せられるようにして、たくさんの商売人たちもやって来た。こうして大量の人間をいちどきに迎えた八幡の地は、それまでと様相を一変することになっ

	明治22	明治30	明治35	明治40	大正元	大正3	大正5
八　幡	———	2,615	10,081	19,500	30,429	46,236	78,190
戸　畑	1,875	3,055	4,104	5,831	8,908	10,372	17,164

表1　八幡地域の人口の推移

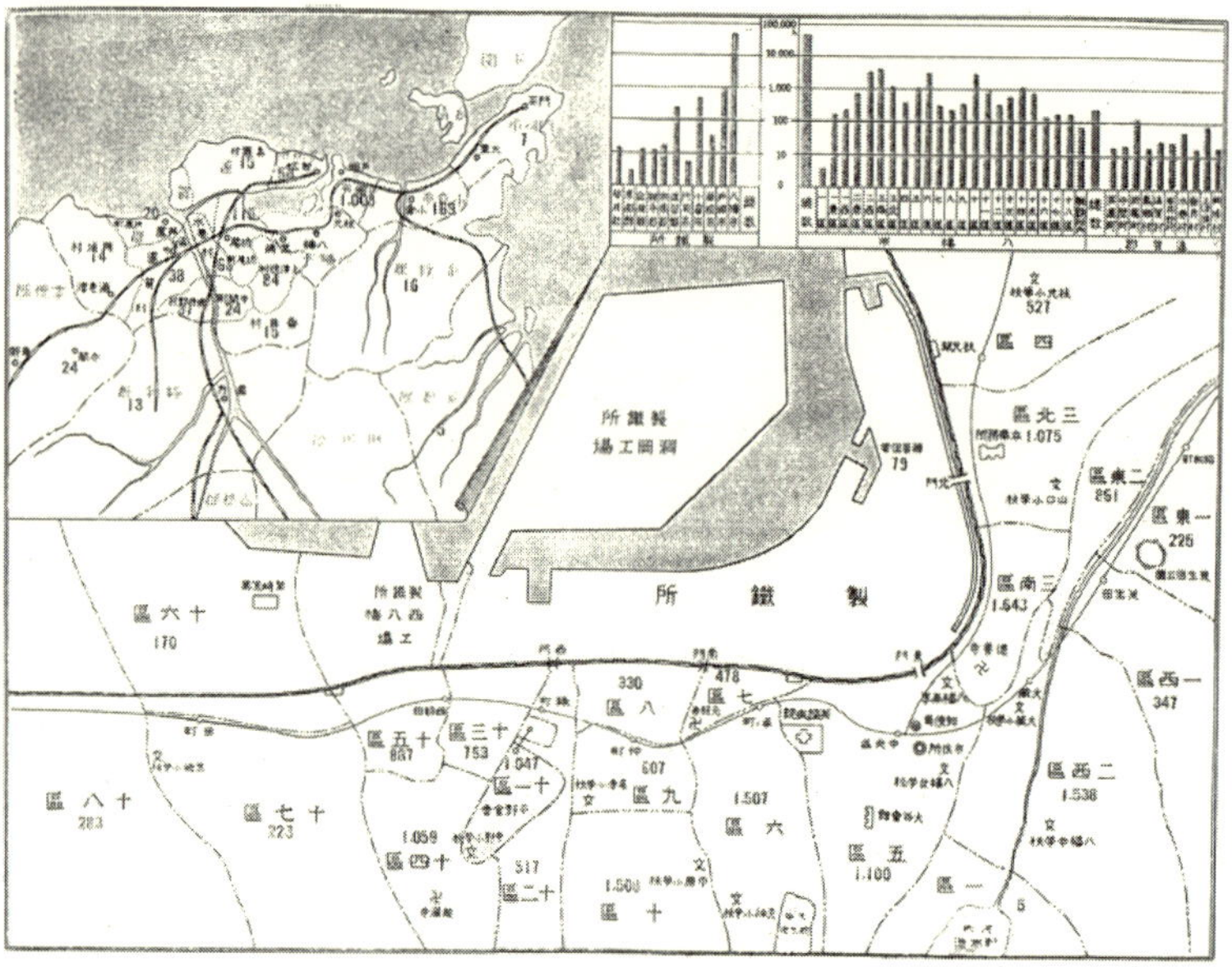

図4　鉄都と化す八幡
（『工場労働統計　自大正十三年　至昭和四年』製鉄所労務部、1930
北九州市立八幡図書館所蔵）

た。かつての小村・八幡村ではよそ者たちによって旧来の住民数がはるかに凌駕され、結果的に「鉄都」、すなわち〝鉄の都〟と別称される一大工業地帯へと変貌をとげることになった（図4、表2）。そうした様相はゴールドラッシュさながらであったという。

八幡で職工となった人々の中には、製鉄所の開業によって生業を奪われた在来民も多少含まれてはいたものの、やはり他の地域の出身者が圧倒的に多かった。では、この時期、この地域に押し寄せた職工たちは、一体いかなる心持ちで郷里を離れてきたのだろうか。

明治国家がそれ以前の時代と異なる最大の要因は、身分制度が消滅し、学制発布（明治五年）に象徴されるような平等主義にもとづく近代競争原理と、それにのっとった学歴主義を出現させたことである。もとより資本と権力を有する旧士族の師弟などの場合、それはいわゆる「立身出世」という価値観とたやすく結びつくことができたが、

年	職員	職工	主な出来事
明治30	80	―	製鉄所、八幡村に設立が決定
34	504	2,283	製鉄所開業
35	438	1,763	製鉄所休業
37	704	3,610	製鉄所再開
39	829	10,015	第一次拡張計画
40	844	10,568	明治専門学校設立、下請け工場多数立地（戸畑）
44	892	10,598	第二次拡張計画
大正5	1,214	18,205	第三次拡張計画、前田（黒崎町）の八幡町への編入
9	2,278	27,611	大争議・東洋製鉄戸畑工場設備の八幡製鉄への貸与
昭和3	2,159	23,375	九州製鋼の八幡製鉄への経営移管
9	2,806	26,830	東洋製鋼、八幡製鉄と合併
22	4,674	23,487	身分制撤廃
25	5,325	32,959	八幡製鉄発足、朝鮮戦争勃発→特需景気
	社　員		―――――
26		40,334	第一次合理化計画
29		36,870	光（山口県）転勤開始
31		34,574	第二次合理化計画
35		37,326	第三次合理化計画
39		39,677	君津（千葉県）転勤開始
44		30,030	鉄源の戸畑集中
45		27,624	新日鉄発足、大分（大分県）転勤開始
47		24,917	八幡一号高炉操業停止
53		19,116	八幡のすべての高炉操業停止

表2　八幡製鉄所従業員の推移

全般的には明治二〇年代後半までは、就学率はきわめて低く、小学校ですら途中でやめてしまうケースが往々にして見られた（竹内、一九九七）。なぜなら当時の日本人の大半を占めていた農漁業者の間では、学問は不要とする考え方が普通であり、小学校への就学ですら親が認めないケースも珍しくなかったのである。

　そんな中にあっても時代の思潮に敏感で、いつの日かの立身出世を胸に秘めつつ、都市に働き口を求めて職工となり、そして近代産業の貴重な担い手となった者たちが少なからずいた。彼らは給料をもらうのと引き換えに、現場労働の知識や技術を労働力として提供する俸給労働者であり、後述するようにその境遇は当時としては破格であった。そこには彼らなりの立身出世のシナリオが用意されていたのである。井沢八郎の「ああ、上野駅」ではないが、八幡の駅に降り立って、黒々と屹立する巨大な溶鉱炉を見上げた時に、ふと「胸にゃでっかい夢がある」

宗派	寺号	創建年代	前住地	備考
曹洞宗	天籟寺 興善寺 松厳寺	正嘉元年 昭和10年 明治15年	—— 福岡県古賀市	地蔵堂移転（大正年間まで無住）
臨済宗	東光寺	大正2年	——	区民により区有地に再建。薬師如来を祀った古寺と伝承されるが、火災により焼失したため、創建年代は不詳
真言宗	天徳寺 徳泉寺	大正2年 大正4年	佐賀県 八幡東区	立ち退きによる移転
浄土宗	浄土寺 大恩寺	大正3年 昭和9年	若松区	前年に設立された泥田の教会所が久原鉱業の創業により、移転 教会所として設立
真宗本派	西徳寺 照養寺 教学寺 明泉寺 宝福寺 浄蓮寺 本元寺 佛照寺	大正7年 永正12年 大正7年 昭和8年 大正9年 昭和5年 昭和13年 大正13年	直方市山辺 —— 大分県国東郡河内村龍泉寺 若松区 大分県中津市 宗像郡 広島県呉市 大分県西国東	出張所として創立、昭和12年に現在地に移転 廃寺にして移転（戸畑が発展していたことを理由に） 本寺宝福寺の説教所として設立 当初は本寺の「天籟寺」を名乗ったが、戸畑に同様の寺号があるため直ちに改称 説教所として設立
真宗大派	受楽寺	大正11年	大分県中津市	中津法連坊の一廃寺を買い取り、移転
真宗興派	真宗寺	大正11年	長崎県杉谷村	説教所設立（本堂は前住地より移転）
日蓮宗	一乗寺 寂光寺 本光寺	昭和27年 大正13年 大正10年	久留米市 （未回答）	八幡・龍泉寺の中原地区信者の「清正講」が前身（明治28年と記名の掛け軸あり） 廃寺の権利を買って移転し、教会所設立

表3　戸畑、各寺院の来歴

とつぶやいた者もいただろう。

　彼らの大半は独身者だったが、製鉄所が地域に根深く浸透していくにつれ、その多くは当地で家庭を築き、定着していったという。このことは寺院の移転という現象からも見て取れる（表3）。あいにく八幡の資料がないので、代わりに隣接する戸畑を例にとってみよう。既述のように、戸畑は職工たちの集住地域として、文字どおり製鉄所の膝元で発展をとげてきた地域である。

　創建年代から察するに、製鉄所の設立前からあったのは照養寺をはじめとする四ヶ寺にすぎなかった。ところがその後、製鉄所の地域的浸透と比例するように寺院は増加の一途をたどるのである。ことに拡張工事の時期と示し合わせたようにして増えている。これら寺院の前住地はいずれも福岡県内の他の市町村か、佐賀、大分といった近県が多く、職工たちの主な出身地と見事な符合を示している（図5）。

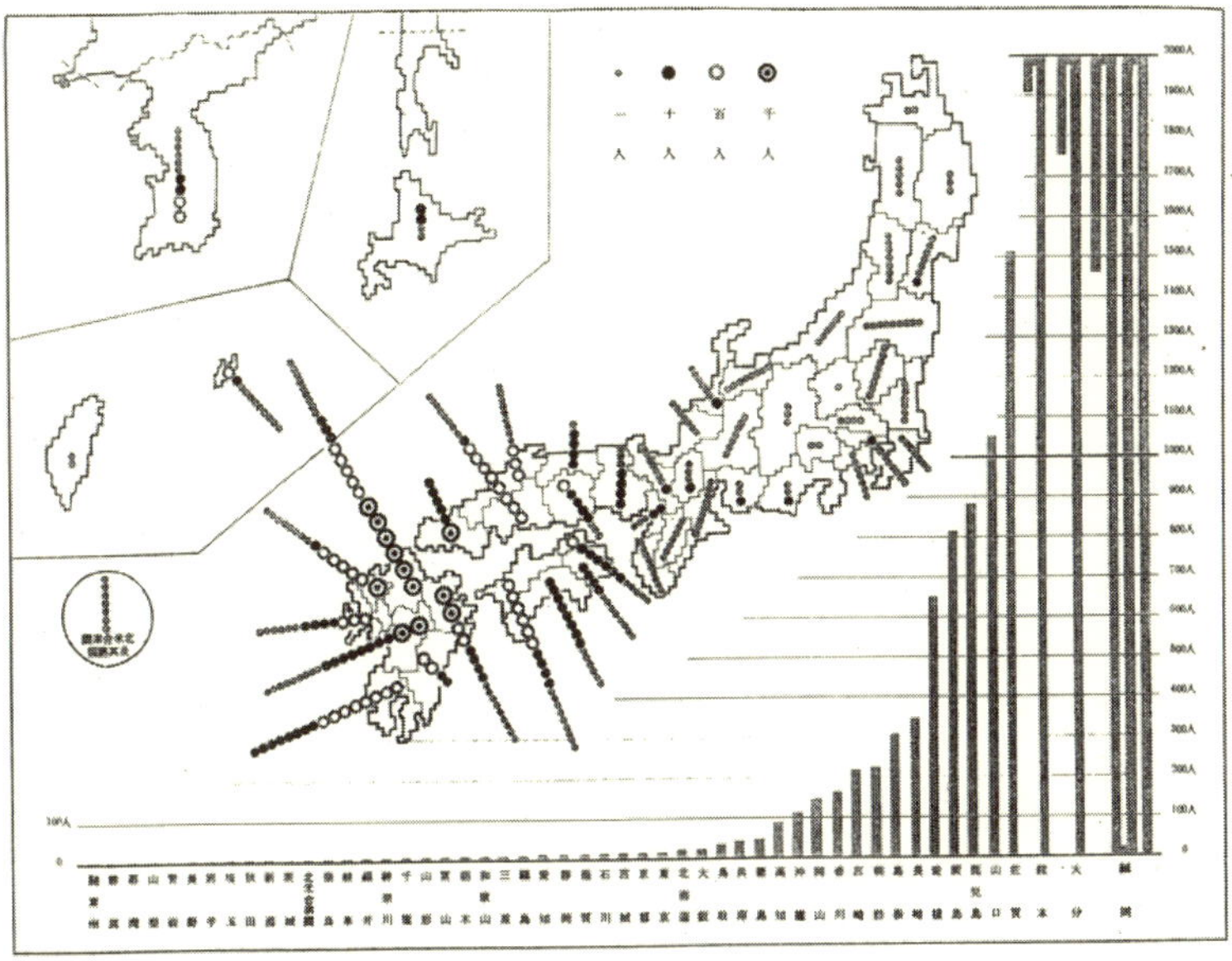

図5　職工の出身地
（『製鉄所工場労働統計』製鉄所労務部福利課、1927
北九州市立八幡図書館所蔵）

また所属宗派としては浄土真宗が半数近くを占めている。戸畑で最も古い照養寺の住職によれば、それは製鉄所の社長以下、役職者の多くが浄土真宗の檀家であったことと深い関係があるようだという。信仰それ自体が会社の経営理念と直結する性格のものではないにせよ、真宗は檀那寺をもたない独身職工たちの間でさかんに奨励されたという。

右の資料から読み取れることは、職工たちの出身地からの檀那寺の移設という事情である。それは製鉄所の発展による職工たちの大量流入、およびその地域的定着の様子と密接にかかわっていたといえるだろう。その意味で、彼らは決して流動的、一時的な寄留者でなかったことがうかがえる。そうやって家郷を引きずってくることは、悲壮なまでの思いをともなった家郷からの切り離しという事情を内包してはいたが、逆にこうして他郷に腰を落ち着けることは立身出世への確たる決意の現われとも受け取れる。「故郷に錦を飾る」という言葉があるが、ここ八幡製鉄所で職工となった者にとっては、自社ブランドの〝黒がね羊羹〟を手に帰郷することがその証であった。同様に、筑豊で坑夫となった者には〝成金饅頭〟や、〝黒ダイヤ〟という名前の羊羹がそれを意味した（当時、石炭は富の象徴として黒いダイヤにたとえられた）。いずれにせよ、日本版ゴールドラッシュに結集した近代の労働者たちからは、家郷喪失者としてのネガティブな自己意識よりも、むしろ「胸にゃでっかい夢がある」と歌う力強く天晴れな心意気の方が、より実相に近い時代の雰囲気として伝わってくるようだ。

だが同時に、彼らはそこで大きな挫折を味わうことにもなった。同じ職場には正真正銘の立身出世の成功者たちがいて、学歴による厳然たる差異化のシステムが設けられていたのである。職工たちはホワイトカラーの事務労働者、社員、職員と比較され、なかば公然と差別的な扱いを受けることもあったという。近代の立身出世主義は一方で、学歴によって選抜され社会的な上昇をとげていく学歴エリートたちを登場させたのに対し、もう一方では彼らのように学歴という基準からそれて、それ以上の立身出世の道を閉ざされた層をも生んだのである。

ただし当時の国民の大多数にとっては、まずは都市に出て賃金労働者になること自体が大出世であった。まして官営とくれば、そのありがたさ、誇らしさは当然いうまでもないだろう。だから次に述べるように、彼らも彼らなりに、「職工になる」ための近代競争原理に進んで身をやつしたのであった。

●人々はいかにして「職工」となりえたか――職工試験と餅食い伝承――

八幡製鉄所の職工となるには、まず入社試験に合格しなくてはならなかった。この試験に勝ち残るため、受験者たちはこぞって餅を食べ、体重を増やしたものだという言い伝えが、かつて巷間でささやかれていた。ちなみに彼らは視力、体力などの肉体的選別を通過したあかつきに、晴れて入所となりえたのである。これらはいわば制度上の職工となり、その職分をまっとうするにあたっての前哨戦である。

そのあたりの事情について、かつて八幡製鉄所の職工でもあった岩下俊作は、昭和三四（一九五九）年刊行の自伝的小説「青春の流域」の中で次のように記している。

これは彼自身の製鉄所受験に際し、民間工場に勤務する職工であった下宿先の主人から伝え聞いた合格の秘訣として、〃餅食い〃の話が八幡在住の職工たちの間に流布していたという回顧である（岩下、一九五九→一九九八再録）。

「体重は重いほどいい訳だから、検査前に餅をうんと食って五十匁でも重くなって下さいよ、今製鉄所の体格検査を受ける者は腹の皮が破けるほど餅を食らい込んでゆくのが通り相場になっているんだから、あなたも負けぬように検査前に十でも十五でも食えるだけ食ってください。…（中略）…なあに工員になるかならぬかの瀬戸際になったら餅の十五くらいはわけはない、この前も私の工場で四十八キロ幾百しかない人夫が餅を十七食ったお蔭で五十キロを突破して見事に工員になりましたよ、ところがこれと同じ体格をしたのが餅を八つしか食えぬので、体重が五十キロにならずとうとう工員になりそこなってしまった。外の者が辛抱が足らぬから工員になりきらぬと残念がったが結局だめだった」

こうした語りがまことしやかに行なわれることの根底には、民俗学的に見て霊力のある〃力持ち〃の伝承や霊力獲得のための〃餅食い〃の伝承がモティーフとして存在すると思われる。そこで興味深いのは、近代競争原理にもとづく〝入社試験に合格すること〟が、この多分に俗信的な語りを動機づけている点である。一見すれば前近代から連続しているように見える伝承も、時代的な脈絡にのっとって活用され、近代の枠組の中で解釈が与えられているということだろう。

●人々はいかにして「職工」となりえたか――身体に「近代」を刻印する――

さて入社試験に合格し、晴れて職工になれたからといって、彼らが一足飛びで理想的な職工になりえたわけではない。前にも書いたように、機械操作をはじめとした各種技能の修得に加え、労務管理下での望ましい職務態度など、これまでに見たことも経験したこともないようないくつもの関門を乗り越え、クリアしなければならなかった。制度上だけでなく、身体的な次元においても、彼らは〝職工になりきること〟を要求された。

職工たちの中には釜石から連れて来られたイギリス式高炉の操業の心得をもつ七名(2)も含まれていたとはいえ、これとはまるで技術上の発想を異にした近代高炉の操業には、はるかに高度な技能が必要とされた。彼らはまずドイツ式技術との対決と葛藤を経ることで、これを自分たちの身体に刻印していく必要があった。それゆえドイツ人技術者たちの倦まない協力なしには、この新しい製鉄所に課せられた国家的使命にかなう職工とは到底なりえなかったというわけだ。

その結果が、やがて明治三七(一九〇四)年の日本人のみでの高炉操業というかたちで結実する。もちろん製鉄所OBの元技術者や歴史学研究者などが強調するように(飯田、一九七三・東條、一九九二・春日、一九九四・大江、一九六八・色川、一九九一)、日本の産業的自立には在来技術をもった熟練工たちの存在を無視することはできない。だが農山村出身の粗野な男たちをそれぞれ一人前の職工として馴らし、近代的技能を体得させていくプロセスを視野に入れた時、それはまさしく産業的自立以前、いや技能以前の問題であった。ある製鉄所OBはその際の苦労を次のように語っている。

「前に申しましたやうに農山村のものばかりですから何仕事をするにしても一々手を取つて教へなくてはなりませんでした。…（中略）…一寸した事から衝突するのであります。そんな場合は監督がきて仲裁を致しますが、或時などは監督の仲裁が気に入らぬと言ふのでその晩三四名のものが監督の自宅に暴れ込んで、その上監督小屋等は手當り次第に打毀すと言ふ次第で…」（日本製鉄八幡製鉄所、一九三八）

この証言に見るように、まずは〝職工であること〟を体に覚えさせる、その身体化への道こそが困難をきわめたのであった。私はそうした過程で生起する生身の人間同士の葛藤という点を注視してみたいと思う。そこで忘れてならないのは、日本の製鉄業の基礎づくりにあずかったドイツ人技術者たちの存在であろう。かつて製鉄所に勤めていた作家の志摩海夫は、職工たちへの聞き取りをもとに操業当時の様子を次のように述べている（志摩、一九四三）。

職工として集められた人々は、同じ鉄づくりといっても鍋や釜をこしらえる鍛冶屋程度のものでないことをはっきり自覚しており、また釜石組の職工たちも、もはや自分たちの技術や技能ではとうてい太刀打ちできないと悟っていたふしがある。ことに製鉄所の心臓部である溶鉱炉は、まず釜石組を二班に分け、それぞれに新米職工を混成したうえで、ドイツ人たちの指導下で操業された。釜石組から見ると新米たちは実に不甲斐なく、まず鋳砂の加減からして判断できない、また湯出しの時などは火気を怖れるあまり逃げ腰になるため、いつもくそみそに叱りとばしていたという。だがそんな彼らもドイツ人たちにとっては赤子に等しい存在だったようだ。ハンマー、金棒などの基本的な工具の使用法すら、事あるごとに教え直さなければならないほどだったからである。

　たとえばハンマーの場合、イギリス仕込みの釜石方式では次のように用いられた。ハンマー打ちは熟練者だけにまかされる仕事で、それも左右両方に打ち分けられることが要求されるものである。しっかりと腰と腕の位置を決め、足を半歩開き、臍下丹田に力をこめ、さらに呼吸を整えてから、視線を棒端にのみ集中させ、姿勢を崩さないまま、惰性を利用して一気に振り上げて力いっぱい振り下ろすというものである。この方法は体格、体力の劣った当時の日本人にはちょうどよかった。ところがドイツ人たちは、高炉操業に際しては、ハンマーでも金棒でも軽々と、かつスピーディに使いこなす技能（図6）が要求されると考えていたふしがあり、そのため釜石方式による日

図6　ハンマーの理想的使用法・ぶん回し〈2コマ目に注目〉
（雑誌『安全の友』第4号、土木建築扶助会、1938）

本人職工たちのハンマー使いを貧弱で不甲斐ない所作と見なしていたという(3)。それというのも彼らは、ネジの締め付けひとつやらせてもすぐに緩んでしまうほどの体たらくだったのである。

そんな状況であったから、風俗習慣に慣れない国で、おそらくは言葉が通じない苛立ちもあって、ドイツ人たちはやたらと暴力を振るったらしい。職工たちと作業上での衝突が生じると、彼らをひょいとつまみ上げて放り投げたり、殴る蹴るの暴行を繰り返したという。

ひとりの職工は実際、次のように証言している（八幡製鉄所編、一九五〇）。

「このドイツ人と私共作業する者との間では言葉が全然通じませんので、仕事の間に彼らが合図をする。指を一本出してみせたり、二本出したり、手をあげたりする。今でこそ思い出してみるとなるほどと理解も出来ることですが、当時では何も解らなかった。とかくするうちにじれったくなったドイツ人共が、首ッたまをひっとらえにくる、ステッキを振り廻すので、だれもかれもひどい目にあったもんです」

職工たちは終始無抵抗であった。ドイツ人たちへの反抗が厳禁とされていたことに加え、やはり現実として彼ら抜きでの高炉操業が不可能であることを、熟練者である釜石組ですら自覚していたからにほかなるまい。

そうした様子を前出の志摩は、八幡製鉄所の職工たちを題材とした作品の中で、ＯＢたちの証言に依拠して、次のように描写する（志摩、一九四三）。

「ノイホイゼルは六尺余りの大男で、気質が粗暴であつた。職工は彼をノイホとつゞめて呼んでゐたが、蔭ではノツポノツポといつてゐた。

図7　ドイツ人との葛藤（若杉、1943）

藤八が入職して間もない頃、中食を済まして控室の前で一服してゐると、ノイホがぶらぶらやつて来た。彼は新米の藤八をみとめると、藤八の肩を摑んで、片足でまたげて見せた。同僚たちはどつと笑つた。藤八は屈辱をかんじて顔を赤くした。「畜生ッ！」彼は飛びついて行つて、毛唐の腕をたゝき折りたい衝動を感じたが、じつとそれを耐《こら》えた。

こんなことは、藤八に限らず、誰にでも平気でするノイホであつた。

それに較ぶればブンゼは温和しかつた。

赤ら顔で、でつぷり肥えてゐる彼の腕には、茶いろのうぶ毛がいつぱい生えてゐた。藤八の組についてゐたので、藤八を見ると「コダマ」「コダマ」と呼びつけて仕事をさせた」

ドイツ流の技能の詳細が明らかでないため断言はできないが、少なくとも職工の技能の身体化における初期段階では、こうしたドイツ人との葛藤経験が大きな意味をもったことは想像に難くないだろう（図7）。

話は前後するが、明治三四年に始まった製鉄所の操業は、実は順調に予定の生産量を達成することができず、その責任を問われてドイツ人たちは解雇され、早くも開業翌年には休業に追い込まれたのであった。前に述べた日本人だけによる操業再開は日露戦争開戦という非常事態によってもたらされた。そこで中核となった職工たちとは、まさにドイツ人との葛藤を経験し、それこそ力づくの、血みどろの身体化を自ら遂行していきながら、彼らが教授する技能を命がけで修得した人々であった。その中心人物が次章以下で取り上げる田中熊吉であり、彼はやがて戦前、戦中、戦後を通じて、時代ごとの脈絡を帯びた製鉄所職工のシンボルとなっていく。ともあれ、こうして職工たちがドイツに学んだ技能とは、身体化された「近代」そのものであったとしても過言ではない(4)。

第二節　繁栄の八幡、その光と影

●繁栄の黒い雀

昭和五（一九三〇）年、八幡市は北原白秋の作詞による市歌を制定した。

焔《ほのお》炎々　波濤を焦がし

煙濛々《もうもう》　天に漲《みなぎ》る
天下の壮観　我が製鉄所
八幡　八幡　吾等の八幡市
市の進展は　吾等の責務

八幡の繁栄は文字どおり製鉄所の繁栄であり、両者の関係は一心同体といっても過言ではなかった。天下の壮観、その詳細な光景を当時製鉄所に勤めていた岩下俊作は次のように描写する。製鉄所の巨大さと力強さを実感させる、すぐれて写実的な筆致である。

「遠く海岸の方を見ると洞海湾に玩具のような大型貨物船が碇泊していた。その間を隼のように抜けてゆくモーターボートの後ろには投網のように水脈が拡がった。岸壁に横付けになった汽船に起重機が鉄骨の腕を伸ばし、豆の様なバケットが往復した。岸壁一帯の起重機、船溜に林立した舟のマスト、それは満州、南洋の資源に結びついた製鉄所玄関の偉容であった。絶えず綿のような排気を連続的に吐き出す鍛冶工場、煤煙に包まれた正面の気缶場、鋼片置場の起重機と鋼片のゴシック的な配列、そして幾並びにも並んだ圧延工場の屋根の下から湧き起こるモーターの、ロール機の潮のような騒音、工場の間を縫って走る機関車の汽笛、真紅に彩られた四角な鋼を乗せて走る貨車、雪雲に覆われた冬空に高く聳える溶鉱炉、熱風炉の威容、白いガスホールダー」(岩下、一九五九→一九九八)

海岸一帯に整然と幾何学的に配列された各種工場群、中でもひときわ高く悠然とそびえ立つのが溶鉱炉であった。林立する煙突や高炉から吐き出される黒煙は、白秋の詞にあるように、まるで天に漲るほどのものだったという。

そんな天に立ち上る黒煙とともに、上へ上へと拡散されていったのが、八幡の住宅街であった。製鉄所が栄えるにしたがって、地方からはいっそう多くの労働者たちが集まって来た。狭隘な平野部しかもたない八幡では、新しい家は山の斜面に段々に建てるよりほかなかった。

そうした八幡の景観について、考現学研究の今和次郎は次のように描写する（今、一九四七↓一九七一）。

「……（略）…社宅へも寄宿舎へも納まりきれない職工さんたちは、その道を登り降りしている。群れをなして登り降りしている。まったく手がつけられない、計画性のない、なりゆきのままに放任されたままできた町だ。人びとと家屋、家屋と道路とは、起伏する山と丘との地形のうえに、気ままにばらまかれたのだ」

しかしそんな不便そうな景観も、むしろ繁栄の印として喜ばれた時代がたしかにあった。白秋は昭和五年作の「八幡小唄」で、次のように詠う。

山へ山へと　八幡はのぼる　はがねつむように　家がたつ

さて、明治四四（一九一一）年の拡張工事によって気缶場が三六基に増えると、林立する五百本の煙突からは、昼夜の別なく黒煙が吐き出されるようになった。その頃から〝八幡の空には黒い雀が飛ぶ〟という俗談が流布し始める。さらに工場から吐き出されるさまざまな廃液は、洞海湾の色をも変えていった。これらは八幡の繁栄の証として、住民の多くからいずれも誇りをもって受け止められた。

そうした状況は戦後も続き、高度成長期には最高潮に達した。戸畑にも新鋭製鉄所が建造され、さらなる技術革新によって黒煙は褐色になり、また白色の蒸気なども噴出して、八幡一円は今度は複数の色の煙に覆われることになった。その光景は当時、製鉄所が中心になって撮影した木下恵介監督『この天の虹』(昭和三三年)という映画にちなんで、〝七色の煙〟と命名された。映画のパンフレットには、

「天をもつんざく高炉の焔、空に漲る七色の煙！　東洋最大の八幡製鉄所を背景に働く人々の夢と希望、喜びと悲しみを感動のメガフォンで描く」

と記されていた。

酸素が大量に吹き込むことで酸化鉄の粉塵が発生すると、たなびく煙は赤くなり、さらには黒い煙、白い煙がこれに合わさり、やがて多彩な色のグラデーションを描き始める。それが七色の煙の正体であった(四方、一九九二)。

ちなみにこれと似た光景は、当時、日本各地の工業地帯でも見出された。文学や映画を通して高度成長期の大衆文化を見つめようとした国文学者の藤井淑禎は、川崎の工場街を舞台にした映画「仲間たち」(昭和三九年・日活)を取り上げて、真っ赤な炎を吐き出す石油化学コンビナートの巨大な煙突の群れが、映画のモチーフとして効果的に取り入れられていたことを指摘する(藤井、二〇〇一)。わけても念の入ったことに、困難の末に結ばれた若いカップルが生涯を誓い合うラストシーンでは、この赤い炎がクローズアップされたところで終幕となる。そこで恋人たちはコンビナートの炎を見上げ、互いに「きれいだなあ、あれ」「きれいね」と語り合いつつ感嘆するのだ。藤井は巨大な煙突とそこから吐き出される炎に、高度成長を象徴するポジティブな意味を見出している。

同様に八幡の人々にも、三交代操業によって途切れることのない七色の煙を「きれい」と感じ入り、朝な夕なにそれを誇らしげに眺めつつ、明日への希望を漲らせた日々がたしかにあったのである。

●七色の煙、コーヒー色の海

そんなわけで八幡の人々、なかんずく製鉄所の職工たちは、広大な構内に屹立する溶鉱炉から吹き上げる黒煙と、赤々と燃える炎に日々の生活の保障を感じ取っていたという。

昭和五年、市歌とは別に、同じく白秋の作詞による「鉄の都」という歌が作られ、地元で好評を博したという。民謡調ということもあって職工たちにもなじみやすく、しばしば構内や町中で口ずんでいたらしい。

煙けぶりよ八幡の煙　こむる思ひは誰故か　風も吹かぬに　此の霜に
どこのお空の日の光じゃえ　ええま日の光じゃえ
たかる人波さすがよ八幡　山は帆ばしら海は海　舟も入海　洞《くき》の海
ここの御空で立つ煙じゃえ　ええま立つ煙じゃえ

歌には「煙」が繰り返し詠み込まれ、しかもそれが八幡の繁栄と結びつけられている。その煙の源はいうまでもなく溶鉱炉である。住民にとっては平素から見慣れた眺めの一部として、職工にとっては日々の労働現場の一部として、誇りと親しみを感じてきた建造物である。つまりそこには人それぞれの日常風景が投影されていたのであり、彼らが「鉄の都」を好んで口にしたのは、天高くたなびく溶鉱炉の煙に、永遠に続くはずの日常生活の幸福と安定、あるいは繁栄の活力源を見出していたからかもしれない。

同様の意識は炭鉱の〝煙突〟にも投影されたといえよう。〝月が出た出た〟の唄い出しでおなじみの炭坑節発祥の地として知られる筑豊地方のとある炭坑住宅で、以前、私は聞き取り調査を行なったことがある。

あんまり煙突が高いので　さぞやお月さん煙たかろ　さのよいよい

この威勢がよくて明るいメロディを耳にすると、お月さんも煙たがらせるほどの煙は、ここでもやはり繁栄の象徴であったことがわかる。

筑豊で働く坑夫たちのあいだでは、〝煙突に鳩が止まると不吉なことが起きる〟という、まことしやかな噂がささやかれていたという。煙突に鳩が止まるということは、すなわち休業状態を意味したらしい。全盛期、その炭坑の巨大煙突からは昼夜の別なく、黒煙が延々と噴き上げられていた。右のような言葉がさかんに語られたのは、ちょうどそういう時期であった。黒煙を吐き続ける煙突を、鳥が止まり木にすることなど出来ようはずもない。だからそこに鳩がいるという現象は、要するに煙突が停止している状態にほかならないのだ。無煙状態とミスマッチな巨大な煙突、それは坑夫たちにとって今日の稼ぎがないことを了解する信号となっていた。彼らはそれを認めると仕方なく引き返さざるをえなかったという。一般に白い鳩は平和と繁栄の象徴とされるが、これとは対照的に、筑豊では黒い煙が繁栄の象徴で、むしろ鳩は衰退の印なのであった。

一方、日本ではすでに五〇年代末から、空と水の異変がじわじわと人々の身体を蝕み始めていた。そして昭和四三（一九六八）年以来、「近代産業の原罪を告発する」という水俣病闘争の本格化を機に、「公害」という考え方が全国へと波及していった。時あたかも日本はＧＮＰで世界第二位につけ、「昭和元禄」と呼ばれる好景気を享受していた。

ちょうどこの頃になると、工業廃液に充たされた洞海湾は悪臭を放ち、海の色も、住民たちが、

「まるでコーヒーちゅうか、紅茶ちゅうか何ともいえんもんになったっちゃ」

と証言するほどに変質してしまっていた。

大気汚染も著しく、光化学スモッグのため人々は昼間から電灯をつけて暮らさなくてはならず、また煤塵のせいで気管支炎やぜんそくに苦しまなくてはならないなど、たしかに肉体的にも危険な状況におかれていた(林、一九七一)。それは現場で働く人々にとってはなおさら深刻な事態であり、私の知人(職工)の言葉を借りれば、「職工で満期退職して十年も生きとりゃええ方っちゃ」というのが、おおかたの職工たちの認識であった。

〝八幡の患者の肺は黒い〟という俗説がまことしやかにささやかれたのも、ちょうどこの頃のことであった。戸畑に暮らすある主婦は、当時の煤塵のひどさを次のように証言する。

「洗濯物干したら、一時間もせんうちにうっすら黒くなっとるんよ。それに家では子供にせがまれてベランダでカナリア飼うとったんやけど、しばらくしたら急に歌わんごとなって、すぐにあっけなく死んでしもた。昔小倉に住んどった時に飼うとったんはよく啼くし、すごい長生きしたのに、こっちのはかわいそうやった。これもやっぱり空気が悪かったせいやろうね」

しかし一方では、当時すでに「公害」として忌み嫌われていた煤塵を、製鉄所とともに生きられる喜びとして、ありがたく受け止めていた人々がいた事実も忘れてはならない。たとえば、ある元職工は次のように語るのだ。

「煤煙はともかくひどいもんやったわ。窓開けて飯食おうもんなら、そん上に煤が飛んで来よってあっとい

う間に黒うなったんよ。んでも、煙がうちん方に流れてくりゃ、わしん親父は工場の方に向こうて両手合わして拝みよったたっちゃね」

ちなみに彼の家は、父親の代から続くいわゆる「製鉄一家」である。日々のご飯を黒く覆ってしまう煤塵は、それでも彼ら一家にとっては生きる糧の象徴だったのである。それに〝俺たちの八幡がニッポンを支えているのだ〟という高度成長期特有の気概があった。このように「公害」が取沙汰される時代になっても、なお意気軒昂な人々が八幡にはたしかに実在した。そして、そんな彼らの前向きな思いを支えたのは、いうまでもなく巨大な溶鉱炉というシンボルだった。

それでは職工たちが製鉄所勤めに見出した喜び、誇りとは、一体どのようなものだったのか。

●職工たちの暮らしぶり

八幡製鉄所では官営という性格上、職務序列に対応するかたちで厳格な身分制が敷かれていた。学歴にもとづく職分として、従業員は「職工」と「職員」に階級的に区別されていたのである。ちなみに「職工」という呼称は、昭和二二(一九四七)年に製鉄所内での身分制度が撤廃されるまで存続した。前節で書いたように、職工は肉体的な審査(体格、視力、体力検査など)を経て採用され、高学歴の一握りの職員のもとで現場作業に従事していた(前掲表2参照)。

ところで、やや唐突に思われるかもしれないが、私は職工というと必ずあるシーンを思い出す。それは映画「男はつらいよ」シリーズ第一作目、旅から戻った寅次郎が、隣のタコ社長が経営する印刷会社の社員とひと悶着起こすシーンである。そこで思わず寅さんの口をついて出たけなし文句、

「てめー、この菜っ葉服着た職工！」

この言葉が思い出されてならないのである。

なんとなれば菜っ葉服といういでたちは、戦前から職工のスタイルそのものであった。これに同じ色の帽子をかぶり、草鞋を履けば、戦前の職工たちの一般的な作業着となる。

菜っ葉服姿の彼らが油まみれの煩雑な現場で汗を流している一方で、職員たちは皆一様に〝背広にピカピカ光る靴履き〟といったいでたちで、本事務所などのテカテカに磨かれて光る床の上で勤務していたという。菜っ葉服が職工の象徴となっていたように、職員との間の身分的差異化は彼らの日常の暮らしのいたる部分に表われていた。

職員と職工の間には官舎や給料など、あらゆる面で厳密かつ明確な差が設けられていたが、その点が最も露骨に表れていたのが官舎である。

製鉄所開業とともに職員用の官舎の整備は急ピッチで進められたが、職工官舎の建設はそれよりも遅く、明治三三～三四年頃にようやく着手され始めた。

官舎の配置は職務序列を如実に反映したものだった。そのことを鎌田慧は「城下町の階級社会をあらわす、典型」と喝破する（鎌田、一九九六）。また今和次郎も、「まるで、工場がお城で、そして社宅地区は、武家屋敷町を思い起こさせる」と述べている（今、一九四七→一九七一）。

まず洞海湾を見下ろす高台には、巨大な赤レンガ造りの本事務所がおかれていた。ここは製鉄所のいわば心臓部にあたり、戦前期までは勅任官や判任官といった高級官僚がその周囲をめぐるように陣取っていた。そこからほど近い高見と呼ばれる地に一大官舎地帯が造成されたが、序列ごとの居住域は上から下へと厳密に区分

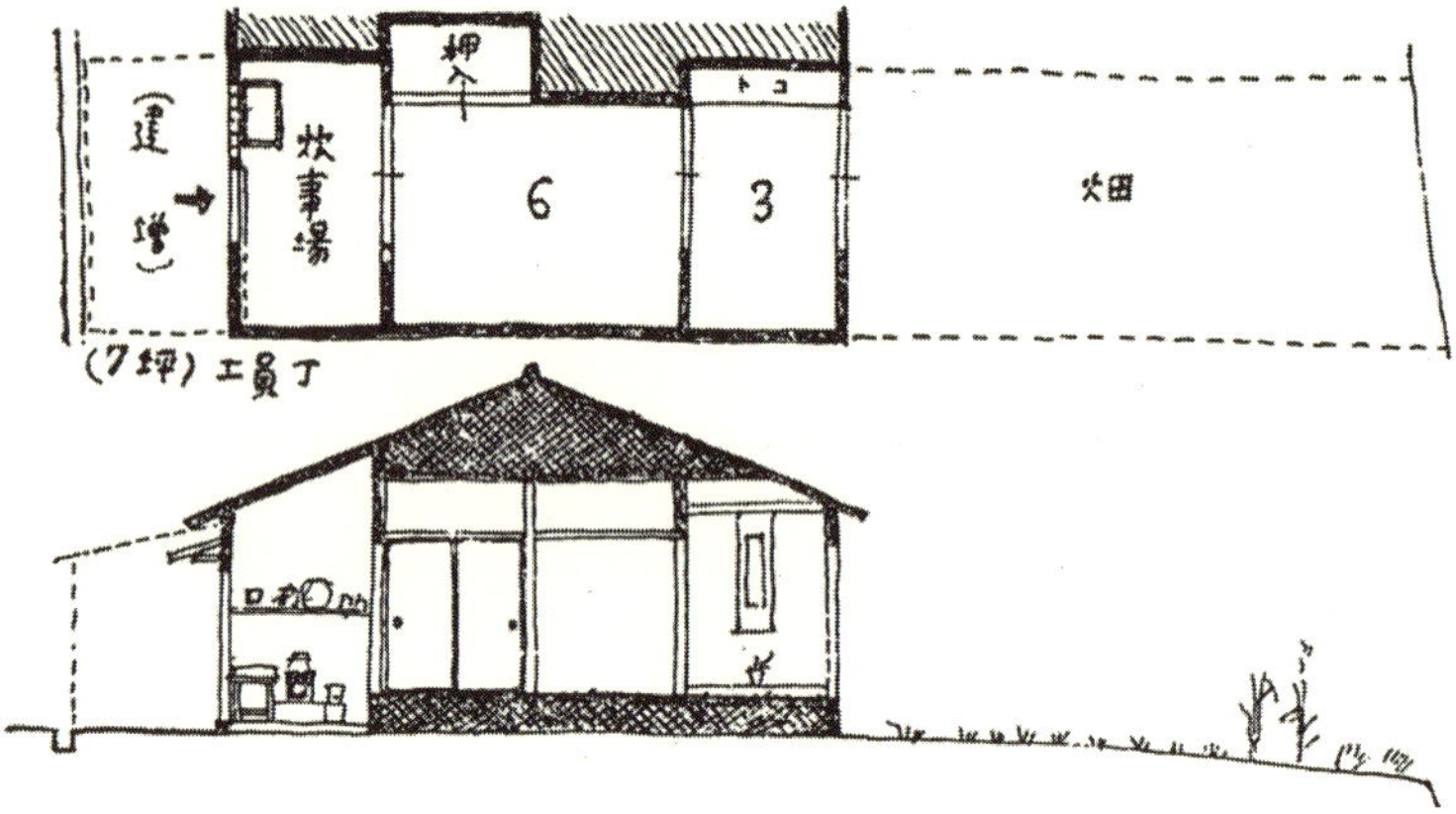

図8　職工官舎、および共同井戸と共同便所（今、1947→1971）

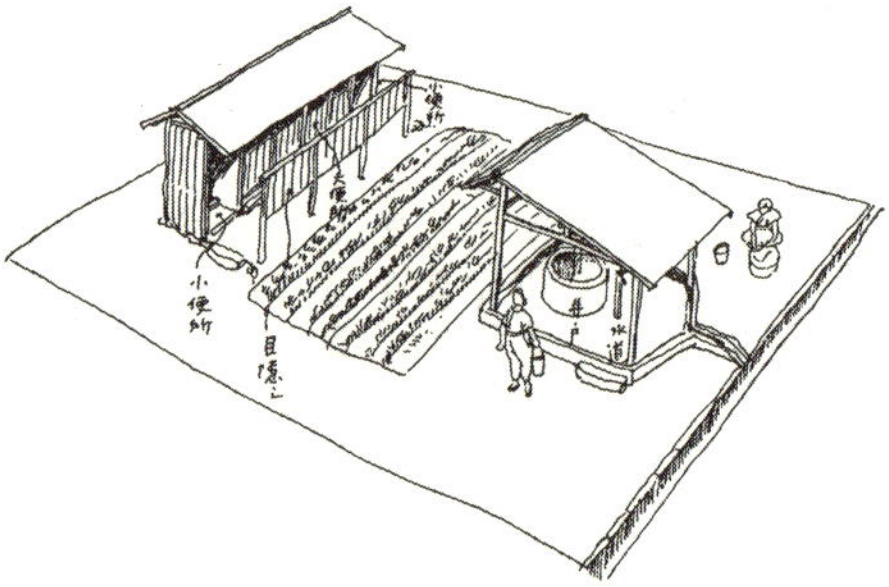

されていた。小高い丘の上には製鉄所の守り神として高見神社が創建（昭和九年）され、以下、広大な守衛付きの所長官舎（現、北九州市長舎）、その下に副所長、そして部長、課長、係長と、鎌田の言を借りれば「まるでひな壇のように」降りるにつれて地位が下がっていき、それにともない家のスペースも狭くなる。ついに川岸のそばまで出てくると、そこに隣接する一帯がようやく職工たちの居住区域であった。職務序列にもとづく官舎地帯の地理的構造は、戦後、社宅というかたちでそのままに引き継がれる。

住環境という点からいえば、職工のそれは実に劣悪なものだった。大正半ばの官舎風景を記憶する一職工によれば（藤本、一九八〇）、狭い面積の中に平長屋が密集し、家と家とが向き合う通路も、食事時にいっせいに七輪が並べられると、たちまちにして通行に支障をきたすほど狭隘なものであった。トイレ、生活用水、下水などはすべて共用で、夏になると川や溝から蚊や蝿が大量発生し、きわめて不衛生な環境だった(図8)。それでひとたび疫病などに見舞われた日には、またたく間に官舎全体に広がる危険性をはらんでいた。だがこんな官舎でも住めれば御の字だった。会社からの好評価でもなければ、一般の職工には入居資格すら与えられないのが普通だったからである。

職工官舎の住人たちは地方出身者が多く、中には文盲の人もいたらしい。八幡製鉄所の社内報『くろがね』一四二号に掲載された統計によれば、大正一三(一九二四)年当時、職工の約八五パーセント以上が高等小学校卒業以下、しかもそのうちの四五パーセント以上が尋常小学校卒であった。そこから、職工たちの多くが低学歴であったことがうかがえる。

当時、日勤は十時間、交代番は二交代で十二時間ずつ、大交代は二十四時間という勤務体制であった。日脚が短くなる季節になると、出退勤時には暗く、街灯もなかったため、職工官舎の各家では家紋や苗字を書き入れた提灯を用意していた。それでも夜になると灯される屋内の十燭光(一二・五ワット)の淡い明かりは、付近の農家の人たちには「官舎の電機灯は昼のごとある」といって羨まれたものだという。

一方、職員官舎は広々とした高台に立つ一戸建で、その環境も清潔に完備されていた(図9)。職員の大半は帝国大学卒という高学歴者で、その妻たちもたいてい女専か女学校を卒業していた。それに対し、職工の妻たちの多くは農村出身で、文字を解さない人が多かった。彼女たち

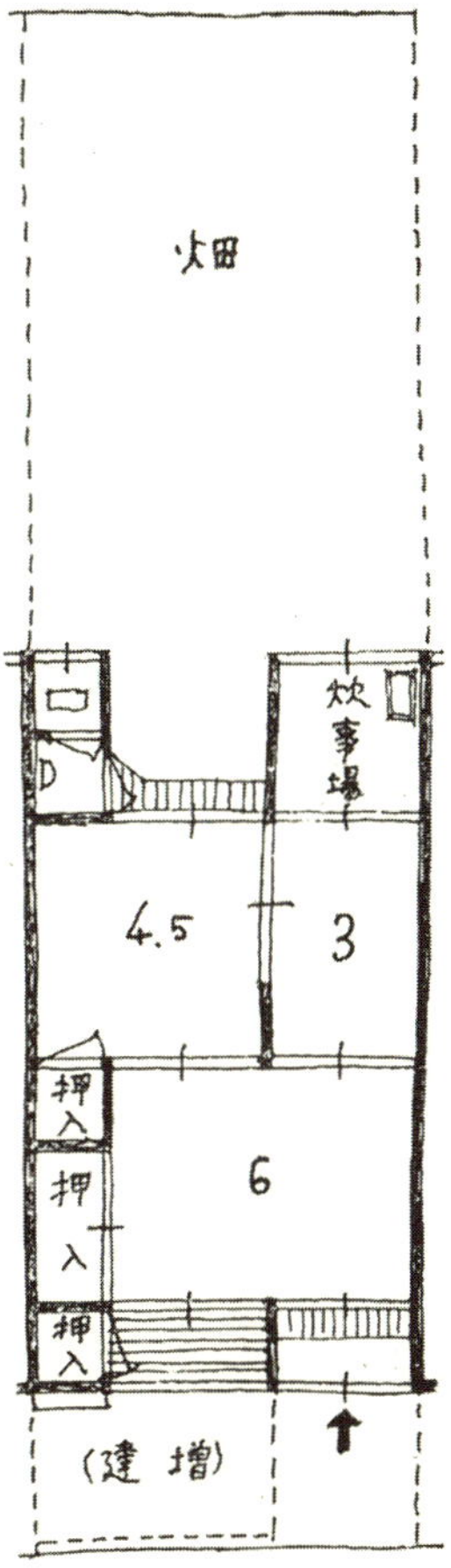

図9 職員官舎
(今、1947→1971)

の間では、だから新聞の活字のルビなどは読めない人がほとんどで、スラスラと音読できる程度でも〝インテリ〟とされていた。そこで時には次のような、笑えるような笑えないような話も生まれたのだった。ある日のチラシに大きく〝ヴァイオリン〟という六つのカタカナが躍ったが、誰も〝ヴ〟の字が読めなかったのだ。皆で一生懸命頭をひねった結果、それは印刷屋の書き間違いだったという結論になり、彼女たちは鬼の首でも取ったように誇らしげだった、とか。

そんな長屋のおかみさんたちにとって、どことなく優雅な物腰で上品な言葉使いをする職員の妻たちは高嶺の花であり、〝高見の奥さん〟と呼んで敬遠していたという。

次に給料はどうであろうか。

同じ月給というかたちで支払われているとはいえ、職工は人数が多かったこともあり、その扱いはおしなべて粗忽であった。時には残業計算でミスが生じることもあり、ところが当の職工自身、間違いにまるで気づく気配なく、そのまま受け取っていたという笑うに笑えない話もあったらしい。

給料は女性事務員たちが工場別に箱詰めをして配ったが、なにぶん広大な構内を回るので、全員分を配り終えるには数日を要した。ある元事務員はこの作業にまつわるエピソードを愉快そうに述懐する。

「広い構内をあちこち配り回りよる時、あたしらは皆、車の荷台に乗っとったんよ。ところが車のスピードが出たり、揺れたりするでっしょう。その拍子に箱に詰めとった封筒が飛んでしまいそうになるとよ。そいで皆、夢中になって、飛ばんごとダンボールの上に尻を敷いて必死になって押さえたとよ」

こうして、いつの間にか、荷台に乗り組む際には、皆が当たり前のようにダンボールの上に腰かけるようになったらしい。自分たちが必死で働いた給料が若い女たちの尻の下とは、事実を知らない本人たちには悪いけれども、どことなくユーモラスで憎めない、男のペーソスがにじみ出てくるような話ではないか。

最後に、食生活はどうであったか。食料の調達には、職員も職工ももっぱら製鉄所の購買会を利用した。しかしその内容は天と地、雲と泥ほどに違っていた。

職工たちの購買会利用は主食、酒類、その他の日用品にほぼ限られていた。等し並に家族を食わせ、あとは酒で憂さ晴らしをしたら、これで月の給料はだいたい一杯一杯というのが、彼らの平均的な生活水準だったのだろう。

そんな職工たちの目には、同じ購買会を利用するにしても、職員の家の食卓には見なれない珍奇な食べ物ばかりが並んでいた。遊びに行った子供たちには林檎などの果物類や、甘いお菓子などが出されたという。

「高見のおぼっちゃん、お嬢様には虫歯が多くて、せっかく治療が終わっても、すぐまたよく泣きながら手を引いて連れて来られたのを憶えてますわ」

図10　製鉄所の社章
「マルS」マーク

かつて八幡で歯科医院を開業していた男性はこのように回顧するが、それも無理からぬことだったのである。

職場でとる昼食は弁当と決まっていた。しかし職工たちの多くは弁当箱をもたず、皆、小型の重箱を二段か三段に重ねた陶器製の容器をたずさえて出勤した。この容器は巷では「カラツ（唐津）」と呼ばれていたので、八幡の職工たちの間では「カラツ」といえば即、弁当のことを示していた。

ところで戦前期に職工をしていたある人は、入社式後の昼食時に受けた屈辱が今も忘れられずにいる。職員たちには「マルS」（S＝steelの頭文字）というロゴマーク（図10）の入った湯飲みで茶が運ばれたが、自分たち職工は弁当箱の蓋で茶を飲むように促されて、とても悔しい思いをしたという。その時の情景を思い起こすと今でも震えが来るほどだ、と彼は語った。

高熱重筋という過酷な労働環境に加え、職工たちが右のような差別状況を甘受できたのはなぜだろうか。それは自分たちの仕事が国家の命運を担っているという自負もさることながら、何よりも官営製鉄所の職工というものの暮らしが、当時の一般国民の生活水準に照らし合わせれば、それでも格段に豊かであったという一点に尽きる。職員と比較すれば下位におかれた彼らも、製鉄所を一歩出れば、「マルＳ」の一員としてとたんに羨望の的となった。そのことを知っているからこそ、帰郷に際し、彼らは購買会で〝黒がね羊羹〟を買い求めるのである。

●憧れの「マルＳ」

たしかに戦前の職工たちは、一般住民から見ると、官営ゆえ不況に強い親方日の丸的な存在であった。彼らは高額の給料を支給され、先述した購買会（昭和四六年以降は㈱スピナに経営移譲）や、当時としては国内有数の設備を誇った製鉄病院（明治三三年に開院、平成九年に「医療法人・新日鉄八幡記念病院」として独立）など、特権的な各種福利厚生の恩恵に浴していた。それだけに職工は羨視されるに十分な存在であった。

ことに明治三九（一九〇六）年に設置された購買会は、職工にとっては市価よりも安い値段で良い品が購入できるとあって、それ以前に取引のあった地元業者との間に激しい対立を巻き起こした。そして明治四三（一九一〇）年には、ついに購買会事務所の放火という深刻な事態にまで発展した（八幡製鉄八幡製鉄所総務部厚生課編、一九五八)。

また購買会ではいくつか自社ブランドの商品も開発、販売されていた。大正年間に発売された鉄骨に擬した形の〝黒がね羊羹〟や、乾パンに似た〝堅パン〟などはかつての「鉄都」への郷愁を誘う商品として、現在も売られている。特に後者は健康食として近年ブームになりつつある。

それとともに当時、皆が競って手に入れようとしたものがある。それは黒い色をした火傷の妙薬とされるもので、商品名は不詳である。製鉄所内では作業中の火傷が多いため、自社内で開発されたもので、飛ぶように売れたという。評判を聞きつけた一般人も懇意の職工に頼んで購入してもらったなどという話は、しばしば聞かれるところであった。

そのようなわけだから、八幡の住人は製鉄所の職工となることにあこがれ、また製鉄所の職工でありさえすれば女性には不自由しないといわれた。極端な話、〝顔さえついていればどんな男でも嫁の来てには困らない〟ほどだったのである。

ことに圧延工場で働いていた職工は〝赤い顔のマルSさん〟と呼ばれて八幡の街では引っぱりだこだったらしい。戦後はブリキや鋼板の圧延作業は機械により自動化されたが、当時の圧延作業といえば、真っ赤に焼けた鉄板を鉄箸で引っぱり上げ、ロールにかませるというもので、この高温の中での重労働が男たちの顔までも真っ赤に焼けさせたのだ。こうして出来上がったマッチョな風貌に加え、圧延工場は製鉄所の他の部署に比べて二、三倍も給料が高いときていた。だからひときわ地元の女たち、わけても水商売の女たちにモテたのである。そこで「圧延さんは〝お札〟に見えたんよ」などと懐かしげに語る一杯飲み屋のおかみが八幡では現在もまだ健在だと聞く。

こうした傾向は戦後も引き続き変わらなかった。昭和三〇年代以降も、地元の高校では、就職先に八幡製鉄を希望する者が九割を越えるほどの人気ぶりだった。当時、北九州工業地帯には三菱化成、旭硝子、安川電機、小野田セメントなど有名企業が軒を連ねる状態であったが、とにもかくにも第一志望は八幡製鉄が占めていたらしい。それがなぜなのか、誰もが漠然とした理由しかもたなかったが、とにかく「男なら八幡製鉄へ入れ」というのが当たり前の風潮として蔓延しており、親子二代の製鉄マンが多かったという。

ある職工は鼻息も荒く、当時の模様を次のように説明してくれた。

「昔は製鉄に就職決まったら赤飯炊いて祝ったもんやが。新日鉄になっちからもこん傾向は変わらんで、社員は皆〝マルS〟っち呼ばれて、バーでんスナックでんマルSの客を何人もっとるかで競い合いよったわ。またマルSっちゆうたら、よーモテよった。そん頃がほんにええ時代やった」

当時は近隣の小中学校からも、社会科教育の一環として作業見学が相次いだ。子供たちは口々に「わー、すごい、すごい！」と歓喜の声を発し、また中には「おじさん、熱い中で大変やねー。毎日ご苦労さん」とわざわざ声をかけてくる子供もいたというのは、私が親しくしている元職工の証言である。

当時、そんなひとりの児童が「製鉄所」と題する作業見学の感想文を残している。近代工場の巨大さを目の当たりにした子供たちの驚きがいかに大きく、また鉄をつくる職工という仕事がいかにあこがれの職業であったか、さらにいうなら「わたしたちの町・北九州」への誇りが一人一人の幼い心をいかに熱くしたかがうかがえる（下中、一九五四）。もっとも、実際、彼らが憧れの「マルS」になりえたかどうかは別として。

数百本のえんとつ　きょ大な　丸たんぼうのように
まっすぐに　空にむかってそびえ立つ
白や　黒や　まっかなけむりをはきだす

その下にうごく人間の　なんと小さいことだろう
だが　そのえんとつは　人間がつくったのだ――
ようこうろから　まっかな鉄が水のようにながれだし
ねんどのマスに　たきとなっておちた
火玉が散って　はたらく人の顔にあせがながれる
わたしは　熱の力に身ぶるいした。

●繁栄の陰の「ある人」

一方、繁栄の裏面では、憧れの「マルS」から取りこぼされた大勢の人々もいた。私の脳裏に真っ先に浮かぶのは、調査地で出会ったある初老の男のことである。かつての職工官舎街に暮らす彼は屈強な体躯をしていたが、喉もとには痛々しい切開痕がケロイドのように浮き出ていた。地区の祭りの役員をしていた彼は、始終ゼーゼー、ハーハーいいながら、ガラガラ声で、〝もう山笠は担げん〟と語った。何の病気だったかはあえて聞こうとはしなかったし、相手も語ろうとはしなかったが、この人はきっと工場の煤塵を吸ってこんな体になったのだろうなと、なんとなく切ない気分で感じ入ってしまったことを憶えている。

今、私の手元に一篇の作文がある。高見に住む職員の子弟が多く通うことで有名なある私立学校の中学生が、六〇年代後半、学校文集に載せた「ある人」と題する作文である。

八月上旬のある朝のこと、わたしが勉強にとりかかって間もなく、「ごめんください」と、男の声がした。母がすぐ玄関に立ったが私も何か変な気配を感じて、玄関に行ってみると、身なりの変な中年の男が「ご飯か、お金かください」といっているところだった。母は、言われるままに冷蔵庫をあけ、小さなメロンをとって彼に渡す。そして、彼が「ナイフを貸してください」と言うや否や、いつの間にか傍にいた祖母が「貸してごらんなさい。わたしが皮をむいてあげましょう」とメロンをきれいにむきはじめた。私には、その時の祖母の気持ちが、そのまま伝わるように思えた。祖母はその人がナイフをふり回すのをおそれたのだろう。私は彼が端からガツガツと食べるのを見ながら、今にもナイフを取り上げたり、母の首をしめたりしないかと、どきどきしていた。

彼はメロンをたべおわると、ポツリポツリと身の上を話し出した。製鉄所に勤めていたが病気で止めてしまったと言うことだったが、それだけ言う間も、激しく咳きこんだりし、息づかいも荒く、明らかに呼吸器の病気らしかった。しばらくして「どうもありがとう。あんたたちもお元気で、さようなら」と言って下へ行った。後姿が何かみじめで、わびしい。私は、彼が何だか急に哀れに思えて来た。祖母や母に対する感謝のことば、そして彼は他人から貰ったメロンを疑いもせずパクパクたべた。彼は人を疑わなかった。…（中略）…今も彼の影の薄い後姿が私の目の前にちらついている。そして私はそれに向かって、しっかり生き抜いてくださいと呼びかけるのである（傍点・筆者）。

この作文に描かれる主人公「ある人」とは、製鉄所を病気で辞めたというひとりの職工である。呼吸器を病み、働くことのできなくなった彼は、物乞いのような暮らしを送っている。そんな彼とは対照的に、作者はバナナですら高級品であった時代にメロンを食し、またそのメロンすらも丸ごと一個、物乞いに施せるくらい経済的に余裕のある暮らしを送っている。そのライフスタイルは当時の職工ならずとも、現在の一般人の感覚からしても、なんとも浮世離れした高級感を漂わせている。ちなみに作者の家を辞した彼が「下へ行った」という傍点部分に目を留めていただきたい。おそらく作者にとって、自宅玄関を出るとそのまま下り坂道になっているという構図は日常の当たり前の風景にすぎないのである。それだけに、さりげない、およそ作者の無意識が書かせたとしか思われないこの短い描写は、実は彼女が「高見のお嬢様」、それも「ひな壇」のかなり高位置に日常生活を送る幹部職員のお嬢様である蓋然性が高いことを、無言のうちに告げている。

さてこの突然の来訪者に対し、祖母も母も身構えながら応対している。そんな大人たちの狼狽する姿と、ガツガツとメロンを貪り食うみじめで、わびしく、哀れな男の様子を、彼女は終始醒めたまなざしで観察するのである。まるでかけ離れた生活世界を生きる彼との間には、だが最後まで心の交流がない。ただ高見というシェルターのような街に庇護された彼女にとっては、「彼は人を疑わなかった」という一点だけが小さな驚きとして映ったようだ。彼を疑い、警戒心をあらわにした祖母と対照的に見えたせいだろうか。それでも最後は、その「影の薄い後姿」に向かって、まるで他人事のように「しっかり生き抜いてください」とだけつぶやくのである。落ちぶれた病の元職工に対し、一歩距離をおいた場所から発せられる、この憐れみとも蔑みともつかない視線。それは皮肉にも、かつては彼自身も属したはずの「マルS」の職員の家で投げかけられた、文字どおり〝高見〟の視線であったのだ。

こうした繁栄の陰の「ある人」は、むろんこの作文に登場する男だけに限らない。人物を特定しない「ある人」という言い回しが、そのまま作文の題目になっているのは示唆的といえる。八幡にはそんな「ある人」が無数に存在したであろうこと、それは想像に難くはない。

意外に知られていないようだが、車夫が主人公の『富島松五郎伝』で知られる岩下俊作や、最近はことに裁判傍聴人として活躍している社会派作家の佐木隆三などは、もともと八幡製鉄所に勤務していた。またついでにいうと社会派作家の巨星・松本清張は小倉で新聞社勤めをしていた時分、岩下らが主宰する文学サークルの同人だった。これらの作家たちに共通するのは、社会の下層や裏街道に生きる人々に目を向けた作品群であろう。世の中を広く客観的に俯瞰する鳥の目と、そこに生きる雑多な人々の生に細やかなまなざしを注ぐ虫の目が、ともに折り合わさって作品世界をつむいでいく。このひとつの根源が製鉄所にあったことは示唆的で、彼らは近代技術の粋を駆使した巨大工場に群れ集う人々個々の哀歓に、繁栄の鉄都の光と陰を見出したのではないだろうか。

製鉄所勤めを通し、まず独自の文学観を打ち出したのは岩下である。彼はその頃、国内最高水準の設備を誇っていた小倉工業高校の出身で、当時としては本来エリート技術者の部類に属するはずだった。ところが昭和初期の経済不況のおりから、卒業後の就職はきわめて困難な状態にあり、昭和二(一九二七)年に八幡製鉄所に採用されはしたものの、当初は職工以下の臨時雇用の工夫にしかなれなかった。翌年には職工に正式採用されたが、これもまた希望の職種ではなかった。この出来事は岩下にとって大きな挫折であったが、同時にまた当時の職工全般に共有された体験の反映でもあったといえる。

そうした厳しい現実の中から、彼は昭和七(一九三二)年、詩誌『とらんしっと』の刊行を通じて独自の文学観を表明することになる。それは労働者の実態を美的レトリックによって歪めるのではなく、労働者自身が時代意識と向き合う中で、そこに立ち上ってくるリアリズムを表現しようという主張である。それゆえ文壇という鋳型ではすくい上げられない自分たちの生活感覚の表現をめざしながら、つねに自らのおかれている時代や社会に目を向けていかなければならない、とする。これは中央文壇のプロレタリア文学者たちに対する激しい論難を意味したが、一方で、彼の文学的姿勢は製鉄所職工たちの賛同を得るところとなった。昭和一三(一九三八)年、同人の火野葦平が芥川賞を受けたのを機に、岩下のこの姿勢はそのまま小説へとシフトされた。ちなみに製鉄所の対岸にある若松出身の火野はごんぞう(石炭仲仕)の息子であった。若松のごんぞうといえば、彼らの所有する川艜《ひらた》舟が洞海湾上、製鉄所内の工場の居並ぶ港々を行き来する石炭運搬船として活躍していたことから、これまた製鉄所との因縁浅からぬ存在といえた。

岩下を中心とした製鉄所の作家たちは「職場作家」と呼ばれ、戦後になって発刊された『製鉄文化』誌上で展開された彼らの活動成果は「職場文学」と総称された。佐木隆三はここから巣立った現代を代表する作家である。このように八幡の繁栄、その光と陰のはざまから、現代にも社会的影響を放つ一群の作家たちが生み落とされたのであった。

職場作家たちは自由な創作活動をするかたわら、戦前・戦中期から戦後の高度成長期にかけて、作品を通じた職工教育といった側面も担わされることになったようだ。こうして八幡製鉄所を舞台とし、職工を主人公として、会社や国家が求める理想的な職工像が続々と描き出された。特に好んで取り上げられたのは、田中熊吉(一八七三〜一九七二年)という実在の老職工である。彼をモデルとした戦前・戦中の作品として『高炉工田中熊吉伝』(若杉熊太郎、昭和一八年)、および『熱風』(岩下俊作、昭和一八年)があり、また戦後は佐木隆三によって「宿老」および「宿老田中熊吉」(昭和三七、三九年)という二つの作品が書かれている。いずれも田中熊吉という一職工の目を通した製鉄所の様子を描いた小説だが、これらを時代ごとに区切って仔細に見ると、戦前・戦中においては大日本帝国下の「臣民」の目で、戦後になると戦後民主主義と高度成長下の「国民」の目

図11　産業戦士としての誇り
（岩下俊作『熱風』表紙、工人社、1943）

で、それぞれに相異なった視点からの田中像がものされていることがわかる（5）。

第一、二章を通じて、これまで私は繁栄の鉄都の光と陰のうち、どちらかといえば陰の部分、なかんずく職工たちをめぐるネガティブな部分を記述してきた。しかしながら職場作家たちによる田中熊吉伝がさかんに書かれていた時代、本の表紙などに描かれた職工像を見ると、どれも一様に胸を張り、いかにも〝自分の職業に誇りをもっている〟といわんばかりの威風堂々とした姿形を保っている（図11）。こうした矜持は一体どこから来ていたのだろうか。かつて職工たちが矜持をもてた、また、もたなくてはならなかった時代があった。それはどんな時代であり、職工たちはいかなるリアリティを生きていたのか。また彼らは製鉄所に生きる一匹ずつの蟻として、どのような労働者としての生き方を方向づけられてきたのであろうか。次章以下、職場作家たちの描く田中熊吉像を手がかりに、そして社会学者・上野千鶴子の次なる言葉を頼りとして、この点を探ってみたい。

「文学もまた時代と状況の産物であり、それを生んだ時代の文脈と切り離せない」（上野、二〇〇〇）

●たそがれの溶鉱炉〈一九〇一〉

さて七〇年代以降、製鉄業は斜陽を迎えつつあった。創業時、東田の地に築かれた第一号の溶鉱炉は、昭和四七（一九七二）年、ついに操業を停止した。このように製鉄所の斜陽が目に見えるかたちになると、これまで職工への羨視の証であった「三交代」という呼び名は、いつしか「サンコータイ」という蔑称にすりかわっていった。昭和四五年以前の製鉄所では、職工たちは甲乙丙の三班に分かれて交代で二四時間稼動の作業にあたっており、大正九（一九二〇）年に始まるこの作業形態をそう呼んだのである。高度成長で国民の間に中流意識があまねく広がり、余暇を楽しむ人々が増えていく中で、たしかに「昼働いて夜眠る」ことも「日曜祭日は休む」ことも、また「正月三カ日位は休む」ことさえもむずかしい三交代の生活は、もはや人々の憧れではなくなっていたのである。以前は「顔さえついていれば嫁に不自由しなかった」のが、いまや「サンコータイにだけは嫁にやれない」に変わっていった。

一方、〈一九〇一〉のプレートを掲げた東田の溶鉱炉は、操業停止から三〇年近く、誰に見上げられることもなく、野ざらしのまま老いた巨体をさらしていた。腐食が進んで飛び散る赤錆が問題となり、地元では保存の是非をめぐって喧々諤々やっていた。それはある人にとっては単に迷惑な超粗大ゴミであり、また元職工のような人々にとっては誇らしい過去の記念碑にほかならなかったからである。

ある住民は私を相手にこう訴えた。

「海風が吹くたんびに赤錆が飛び散りよって、眼に入って痛うてたまらん。早う何とかしちくりんかのう」

さらに過激な親爺は、忌々しげに、こんなことまで口にした。

「早うあれをなんとかせいっちゅうごたるわ。いっそ倒しちまったらどうや」

かつては製鉄所からの煙に手を合わせた人もいたというのに、なんという変わりようであろうか。

平成一一年、問題の溶鉱炉は化粧直しの塗装を施され、ようやく「産業遺産」「産業文化財」としてリニューアルすることに落ち着いた（『読売新聞』平成一一年四月二〇日朝刊）。今、スペースワールドを見下ろす溶鉱炉〈一九〇一〉のたもとには、老いた元職工たちが集まって、ひねもす座談する場となっている。私にはこのような溶鉱炉の姿が、最近、不思議なリバイバル・ヒットを飛ばしている「大きな古時計」のイメージに重なって見えて仕方がない。この「大きなのっぽの」溶鉱炉もまた田中熊吉という老職工とともに、戦前、戦中、戦後を通じてたゆまず休まず働き続け、そして「今はもう動かない」のであった。

たそがれの企業城下町に鎮座する老いた溶鉱炉は、広大なかつての敷地で歓声をあげるスペースワールドの客たちを、日々穏やかに見下ろしている。もし溶鉱炉〈一九〇一〉に心というものがあるのなら、そこに映し出されているのはまさに次のような心象風景ではなかろうか。

夏草や　つわものどもが　夢の跡

第三章　時代を超えた「職工」像（一）

―一九〇一～一九四五―

「職工」とは二〇世紀初頭の近代産業化との遭遇から生み落とされた、これまでにない新たな職分であった。それだけに国家的威信をかけた殖産興業の前衛基地として創設された官営八幡製鉄所には、彼らの目を通した時代の転轍のありようが投影されているのではないだろうか。技術や技能の身体化だけでなく、彼らは精神的な意味でも「近代」を刻印される必要があったからだ。本章以下では近代から現代にかけての職工たちの生活文化、わけても伝承文化の考察を通じ、彼らが〝工場で働くこと〟を自己の生業《なりわい》とし、その営為をめぐるあれこれをいかに理解していったかについて考えてみたい。たとえば農村で旱魃、漁村で水難事故といった災厄があるように、近代工場でもそれなりの新たな災厄のかたちが待ち受けていた。それは機械使用という労働形態ゆえ、挟まれたり、巻き込まれたり、といった新種の災厄、すなわち労働災害(以下、労災と称する)と呼ばれるものである。問題は彼らがその原因と解決法をいかに解釈したか、またそうしたいわゆる災因論が時代を追っていかに変化していったか、である。

考えてもみてほしい。近世に生まれて昨日までちょん髷を結っていた人々が、いきなり近代を迎えてザンギリ頭に改めたからといって、はたして直ちにその精神《こころ》までが完全な近代人になりえたといえるだろうか。なんとなれば職工たちは、その多くが農山村出身という意味ではいまだ前近代的でありながら、同時に近代における伝承文化の担い手にして、近代産業化を陰で支えた近代的職分であった。そして近代教育の恩恵を十分に享受できなかった彼らは、後述するように、自らの身辺に起こった不慮の事故を科学的に理解するまなざしをもちえずに、従前の生活の中で実践してきた信仰形態をもとに、死ぬに死に切れない人々の怨霊のなす祟りなどとして解釈したはずである。私はまず職工たちをめぐる膨大な一次資料が語りかけてくる、そんな生身の一人一人をとりまく現実の事象を、彼らと彼らが生きた時代、また各時代の伝承とのかかわりを軸としながら復元していく。こうした作業を通し、従来の民俗学が関心を寄せてきた伝承文化の「連続性」の側面に加え、「断絶性」の側面にも光をあてることで、伝承の把握におけるもうひとつの可能性を模索してみたい。

第一節　つくられる職工像（一）――戦前期「高炉の神様」――

おそらく右に記した本書の目的からして、田中熊吉ほど時代の透写紙として適した人物はいないだろう。明治維新の五年後に生まれ、戦前・戦中・戦後を通じて一貫して製鉄所に奉職し、高度成長の終焉とともに没した田中は、終生一職工の地位にこだわり続けたとされるが、彼こそは文字どおり時代を超えた職工そのものであったといえる（写真2）。このような見方は製鉄所にとっても同じだったようだ。

田中熊吉の功績を伝える話は、戦中の昭和一八（一九四三）年と高度成長期の昭和三九（一九六四）年の二度にわたり伝記としてまとめられているが、そのことは彼がある意味、製鉄所にとっての神話的存在であったことを物語っている。なんとなれば製鉄所の機関誌上、二度も伝記に取り上げられた事例は、後にも先にも田中ひとりなのである。実際、田中熊吉以外にも伝記に著された職工は存在するが、そのうえさらに白寿（昭和四

写真2　高炉とともに歩んだ田中熊吉（北九州市教育委員会文化部保護管理課作成パンフレット『東田高炉』より）

五年）の記念文集（『白寿記念田中宿老小伝』）が刊行されたり、死去（昭和四七年）に際し『くろがね』紙上で特集記事まで組まれたりしたのは、やはり彼をおいてほかになかったのである(1)。それは田中熊吉という人物がもつ何らかの属性が、国家施策を反映させた製鉄所側の意向とある種の適合性を有したからではないだろうか。

本章と次章ではそうした蓋然性を考慮に入れ、かつ伝承文化の連続性・断絶性という点に注意をはらいながら、複数の伝記に登場する田中熊吉の語りに反映された時代ごとの理想的職工像を追っていく。そうすることで、語りの根底にある各時代の文脈《コンテクスト》が何であったか見極めたいと思う。具体的には、近代工場での災因論、職工をめぐる技能観・死生観などの推移に注目しつつ、前近代・近代・現代という各時代に求められた理想的職工像の変遷を描出することにしたい。そしてこうした作業は当然の流れとして、時代ごとの国民意識が構築されるプロセスの検討へと帰結することにもなるだろう。

●時代を超えた職工・田中熊吉

はじめに田中熊吉という人物の来歴を概観しておこう。

田中熊吉は八幡製鉄所の開業とともに、溶鉱炉の職工として作業に従事してきた人物である。田中が製鉄業を志す契機となったのは日清戦争への出征であり、海国日本が世界に先駆け発展していくためには、造船技術の向上とその原料となる鉄鋼の自給体制が不可欠であることを、その時に悟ったからだという。おりしも官営製鉄所の建造が建議され、その候補地に八幡が確定していた頃である。そのことを知った田中は郷里を離れ、民間工場での製罐職の見習い経験を経て、そこからの紹介で明治三二（一八九九）年に製鉄所に就職したとされている。

ところで製鉄所での作業は大別して、溶鉱炉、製鋼、圧延の三つの部門からなっている。まず溶鉱炉では、そこに鉄鉱石とコークスを入れて熱風を送り込み、溶かす作業が行なわれる。そうやって出来た銑鉄を精錬したものが「鋼」であり、そのプロセスがすなわち製鋼である。圧延とは、これに強い圧力を加えて引き延ばす工程をいう（大宅、二〇〇〇）。

これら製鉄所の作業の中でも核となる溶鉱職はまさに命懸けの仕事で、その激しさのため脱落していく職工も少なくなかったらしい。しかし田中の高炉にかける意気込みは熱く、その献身的な勤務態度が評価されて、伍長から組長へとまるで階段を駆け上るように昇進していき、しまいには溶鉱職の支柱とまで目されるようになったという。その後、大正九（一九二〇）年に起こった製鉄所の労働争議(2)の際には、文字どおり体を張って高炉の破壊を阻止したとの逸話が残っている。これらの功績によって、職員への昇格という職工にとっては破格の人事が確定したが、田中はその申し出を断った。そこで製鉄所側は同年、〝宿老〟制度(3)を新設し、すぐさま彼をその地位に抜擢している。

ここで私が注目したい点は、一介の職工にすぎなかった田中に対して、製鉄所が破格の優遇を行なっていることである。たしかにこの時期、全国的に見ても、労務管理面で職工たちには新たな転機が訪れていた。第一次大戦末期からの労働運動の勃興を背景に、戦後、職工の地位にい続けながらも職員待遇を与えられるという方式が出現してきたのである（兵藤、一九七二）。八幡製鉄所で宿老制度が設けられたのも、どうやらこうした時流に乗ってのことらしい（八幡製鉄所編、一九五〇・大里、一九八五）。ちなみに当時、三菱造船所でも「職工として功労ある優秀者を優遇する」との名目で同様の措置がとられている（三菱造船長崎造船所職工課編、一九二八）。

だが本書では、右に書いたような労務管理などの実用的側面よりも、むしろ職工たちをとりまく豊かな伝承世界の中に宿老制度の萌芽の要因を求めてみたい。これが労働の文化論的研究を期する私がとるべき道であろう。職工から職員にいたるまで、八幡製鉄所の人々は田中熊吉という一職工の中に、単なる労務管理を超えた何を見出したというのだろうか？　そして、一体なにゆえ制度を新設してまで、彼は宿老という特殊な、そして両義的な地位へと祀り上げられたのだろうか。

ことさらに彼が尊崇される要因として、前近代から連続してきた思考の枠組を勘案したとするならば、まず考えられるのはその〝隻眼〟という属性である。彼はかつて作業中の事故で片方の眼球を失っている。そして他の職工たちはそんな彼のことを〝高炉の神様〟と尊称していた。その前提にはむろん、他の追随を許さない鬼神のごとき彼の働きぶりがあったであろう。だがこれとはまた別の次元で、二つの事実、つまり彼が片目であったという事実と、そんな彼が尊崇の対象になっていたという事実の間には、何らかの信仰伝承が要因として介在していたのではないだろうか。

●人身御供としての職工

ここでは昭和一八年刊行の『高炉工田中熊吉伝』を手がかりに、前近代から近代へといたる端境期の、田中熊吉をめぐる伝承について考える。この作品には田中が片目を失う経緯やそういった事態に直面した際の彼の態度などについて、詳細な記述がうかがえる。

それは明治三七（一九〇四）年のことであった。当時、製鉄所は日露戦争に際して増産体制となったものの、まだ不慣れな職工も多く、高炉事故が相次いでいた。田中の負傷は高炉の大修理の最中に発生した。その時の彼の様子は職工たちに目撃され、次のように語られている。

「何か左の眼にあたったと思ったが、たいして痛くないもんだから――いやこれは傍で見てゐた俺が証明する。それで平気で仕事をしてゐた。すると、俺がなにげなしに左の目をみると、かう変なものが出てゐるぢゃないか。田中さん、目から何か出てるバイ。というたところが、皆が気がついて、よくみると、目がつぶれて水晶体が流れ出してゐるんだ。それから、さあ、本人より他の者が大騒ぎをし出して、病院に連れこんだ」

この事故の結果、彼は隻眼となったのである。だが自分の振るったハンマーが当たり、片方の眼球がつぶれるような状態にあってもなお、作業を継続しようとしたという。その逸話は職工たちの口から口へと語り伝えられていくうちに、「片目を叩き潰しながら平気で仕事をしている」といった語りへと変じ、以降、田中の人物像を物語る際の定番となっていく。このような定型的語りの影響は約二〇年後、つまり昭和三九年に社内報の『くろがね』紙上で掲載された「宿老田中熊吉」にも見受けられる。

むろんそうした語りがなされることの背景には、この『高炉工田中熊吉伝』という作品が昭和一八年という戦時下で刊行されたという時代状況、およびそこに作用している国家的意図の反映も考慮されるべきだろう。すなわち次節で述べるように、愛国主義に殉ずる「産業戦士」といった文脈が内包された蓋然性である。だがそれが戦後にも引き続き語られていることを見ると、むしろ右に見たような定型的語りの根底にある伝承的要因を看過するわけにはいかないのではないだろうか。

大怪我を負いながらも超然とし続ける田中の態度や、その結果としての隻眼という異形の姿は、まず、「独眼流正宗」「丹下左膳」に類するような一種のカリスマ性を帯びさせると同時に、あたかも溶鉱炉という神に捧げられた人身御供的な存在をも彷彿させる。つまり後述するように、片目を失った田中がまさしくそのことのゆえに伝説的人物として尊崇されるようになった点を考え合わせるならば、この逸話は我々の前に、〝一目小僧〟という前近代的な伝承の心象風景をまざまざと浮かび上がらせてくれるであろう。

柳田國男によれば、一目小僧の伝承は、神の名代として奉仕するべく一般人と弁別するために、祭主を一眼一脚にする風習がかつて存したことの名残であるという。またそれは祭りの場において、神に供献されるべき生贄であったとも解釈される。ゆえにこのような人々は、あらん限りの歓待や尊敬を受ける神聖な存在とみなされてきた（柳田、一九五九）。事実、田中熊吉が特殊な尊崇すべき存在として、職工ばかりか職員たちからも一目置かれ、次々と出世をとげていくのも隻眼となって以降のことである。

また田中自身、そのような自己に対する尊崇化が進む中で、溶鉱炉を〝神様〟と呼びならわし、神様である溶鉱炉に奉仕する態度こそが職工には不可欠なのだ、と主張するようになっていく（4）。

加えて、一つ目の伝承は、これを金属や鍛冶にかかわるものだとする説もある。柳田はこの点について「目一つ五郎考」で取り上げてはいるものの、詳細な論及にまでいたっていない。一方、若尾五雄は鍛冶神が片目とされる根拠として、片目をつぶって肉眼で炎を見るたたら師の作業状況との関連性をあげており、さらに谷川健一によれば、たたら師の中に片目を失う者がきわめて多かったことから、金属精練の技術が至難の業とされた古代において、そうした人々が〝目一つのたたら神〟と仰がれていたのではないかという（谷川、一九七九)。ともあれ、近代における〝溶鉱炉＝神〟という認識を前近代からの伝承との連続性から捉えることは、これらの説からしても十分可能ではないかと思う。

このことは製鉄所が設置された場とのつながりからも察せられる。実際、製鉄所の近辺には昔、たたら場があったという伝承が存在するのである(5)。同一の空間が通時的に、同じ鉄づくりという機能に供されたことになる。前近代から近代へと連なる伝承の連続性を捉えるうえで、とても示唆的な傍証とはいえないだろうか。

さらに、ひとりの元職工から聞き取った興味深い話を付記したい。それは平炉メガネと呼ばれる青ガラス片を利用した特殊な道具を用い、片目をつぶって炉況を確認していたというある宿老の姿についてであった。こうした事例は身体技法という点で、もう一つの連続的な伝承のあり方として捉えられるのではないだろうか。

●〝神様〟たちの簇生《そうせい》

仕事熱心のあまり片目を失ったたたら師たちが〝目一つのたたら神〟として貴ばれた、という前記の谷川の仮説から、田中熊吉に冠せられた尊称〝高炉の神様〟をめぐり、もう一つの伝承的側面を考えてみたい。

実のところ〝神様〟という称号は、高炉工・田中熊吉にのみ与えられたものではなく、他のさまざまな職種においても広く使用されていたらしい。いずれの場合も常人離れした特殊技能を有する達人たちの枕詞として、

「たとえば工場に参りますと、昔ですと、旋盤の「神様」、レンズ磨きの「神様」など、その道の「神様」がいました」(京極、一九八六)

といった具合であった。

右のような事例を紹介した政治学者の京極純一は、特殊な技能的様態を「神様」としてやや漠然と捉えてい

るふしがあるが、いっそう具体的な実例としては、たとえば精工舎には「時計の神様」(尾高、一九九三)が、またある町工場では「煙突の神様」(森、一九八一)が、現実に戦前期まで存在していたという。いずれにしても、そこには夥しい種類の〝神様〟たちが簇生したのであった。それは八百万の神さながらに各種技能そのものに宿る、あるいは技能の持ち主を依り代とする神々である。田中を〝神様〟として語る伝承には、第一にそうした意味での前近代性が見て取れるのではないだろうか。

前章でも述べたように、草創期の製鉄所では本格的な職工の育成に先立ち、技術・技能の両面で伝統的職人たちが少なからぬ役割をはたしていた。入社前の田中の職歴―町工場の製罐職見習い―が示すように、また次節以降で触れることになる彼の就労態度やその精神に見るように、田中熊吉その人もまた職人がその出発点であったといえる。そして〝目一つのたたら神〟となったたたら師の集中力、その職人的熱心さは、不思議に田中のそれと重なり合う。

しかしながら近代産業化の波に翻弄された職人気質の職工たちは、やがてその多能性を単能性へと変じざるをえなくなる。〝たたら神〟はたたらという仕事そのもの、そこで要されるあらゆる技術・技能を包括しうる神であったが、〝○○の神様〟という称号はこうした匠の総合的な技量がすでに分化された状況を暗示する。すなわち田中が〝高炉の神様〟と呼ばれたことは、前近代から連続する職人の精神と、近代に登場した職工の精神をつなぐ、すぐれて両義的な存在であることを示す。この点が、田中が〝○○の神様〟として語られることの中に、私が前近代からの連続性を見出そうとする第二の理由である。

ところで戦後、高度成長にともない大衆消費社会が到来するや、〝神様〟は消費者の側へ実にあっさり乗り移ってしまう。私が物心ついた時、すでに〝お客様は神様です〟という三波春夫の晴れやかな声がそこかしこにこだましていた。それゆえ〝○○の神様〟という語りをここで想起することは、それがかつて生産者の技に宿っていたという事実を記憶にとどめることにほかならないのだ。

●「鉄つくり」という自己意識《アイデンティティ》

田中熊吉を語るうえで見逃せないもう一つの属性は、近代科学に裏打ちされた合理主義の精神であった。これは右に述べた前近代からの連続性とは対照的ともいえる、彼の横顔であろう。

八幡製鉄所における近代合理主義精神の発露は、すでに明治四〇年代頃に見出される。製鉄所は開業一〇年目にあたる明治四三（一九一〇）年、養成工教育への転換を図り「幼年職工養成所」を設置したほか、翌年には教材として『製鉄所職工読本』を編纂している（製鉄所庶務課、一九一一）。そこでは労働に対する神聖観などが説かれるとともに、科学的な知見にもとづく近代的作業者という側面が強調されていた。

こうした職工育成の意図は意外に功を奏したようで、早くも明治四五年には熟練により習い覚えた技能に限界を感じ、科学的知識の修得めざして養成所入りする一職工が現れたのである。その人物に心を決めさせたきっかけは、次のようないきさつであった。

「熔鉱炉職にとつて夜勤は湯加減を識るに大事な時刻でもあつた。ふき出す湯のいろが、太陽のやうな輝きをもつ白熾のひといろから、ほんのすこしづゝの変化でもつて、光と色とを複合変色させて行く。その到底筆舌で表現することの出来ない変化の過程を、藤八の網膜は、どんな達者な画家よりも鮮かに描き分けることが出来たのだ。…（中略）…彼はこの成分を見て、これの出銑時の湯の状態をまざまざと思ひ泛べ、火花の変化がこの中のどの成分の影響であつたかを検討してみた。こんな風に繰り返して行くうちに、彼は火花によつて

珪素と硫黄の含有量を鑑定することが出来るやうになつた」（志摩、一九四三）

たしかに彼はこの時点で、すでに修得済みの技能を用いることで、成分含有量を目測的に把握できるようにはなっていた。にもかかわらず彼はあえて養成所に入学し、心新たに職工としての教育を受けるべく、動機づけられたのである。それは以下のような理由からだ。

「しかしかう云つた科学技術の深奥の世界へ観方を踏み込ませて行くとき、彼はつくづく自分の学問の浅さをかこたずには居られなかつた。どうかして仕事を覚えたいといふ従来の彼から、どうかして立派な鉄をつくりたいといふ新らしい彼が頭をもたげたのである。知識に対する旺盛な意欲が身内にたぎつた。……（中略）……そしてこれらの講義によつて常々いだいてゐた熔鉱炉のかずかずの謎がすこしづゝ氷解して行った。……（中略）……理論への探究の目が光つて来た。はたらくことの意味が深くなつたのである。「自分は『鉄つくり』だ。だから少しでも性質のよい鉄をつくらねばならん。それにはどうしても学問のことがわからんと出来ないんだ」（志摩、一九四三　傍点・筆者）

ただ鉄を作るのではない、良い鉄を作りたい、そのための秘訣を原理的に理解するには鉄冶金学、機械学など、近代科学技術の修得が不可欠のことと悟ったのである。彼は職工教育の実体験を通じて、熔鉱炉をめぐって引き起こされる多種多様な不可解な現象に対し、科学的知識にもとづく合理的判断で処することの必要性をよけいに痛感していくのだった。だがその一方で、近代科学への瞠目の根底にあった彼の動機が、あくまでも「自分は『鉄つくり』だ」という強靭な自己意識にあった点にも目を留めたい。それはむしろ職人的な技へのこだわりと見るべきであろう。たしかに彼は近代技術を学んだが、精神的な側面において、はたして純然たる職工となりえたわけではなかったのである。めざすべきは近代合理主義までも貪欲に取り入れることによる、あくなき技の追求と技を極めた境地にほかならなかった。

これに似た技能観はすでに同時期、田中のような低学歴の職工たちの間にも共有されていた。つまり科学的知識に裏付けられた熟練による技能（コツや勘）を強調する、新たな、しかしすぐれて両義的な技能観が、そこに出現したのである。こうした状況は田中をとりまくもうひとつの貴重な伝承を生み出す温床となった。それは以下のごとくである。

●「高炉の夏痩せ」と田中熊吉

日を追うごとに、職工たちは田中熊吉を〝高炉の神様〟として祀り上げていった。それに対し田中自身は、あくまでも神様とは高炉のことで、自分はその神様に奉仕する一職工にすぎぬとの姿勢を固持し続け、そのように呼ばれるのを嫌がった。だが職工たちが彼を神のように受け止めたのは、実は、田中自身の仕事ぶりや隻眼という属性のゆえばかりではなかったようだ。それは前に記したように、他の職工たちがもちえなかった科学的な思考法、なかんずく職工たちを悩ませた労災に対する科学的な解決法を、彼が会得していたことにもよるのである。

田中熊吉という人物は、近代合理主義にもとづく因果関係の論理から、すでに高炉事故の原因を科学的に究明しえていた。それは釜石組の人々によって言い習わされていた「高炉の夏痩せ」と俗称される現象で、夏になると高炉が不調になり、事故を起こしやすくなるというものであった。それを彼は原理的・科学的に解明してみせたわけで、この逸話は職工たちの間でたちまちのうちに伝わった。彼らの大多数は労災に対し、得体のしれない怨霊の仕業と受け止めてきた。田中の偉業は、そんな人々の前近代性に裏打ちされた恐怖心を打ち消した点にある。以下は、高炉事故が引き起こされる原理について、彼らが田中を引き合いに出しながら会話するというくだりである。

「あの親爺の偉いのはそんなことだけぢゃないんだ。俺達が、当り前のやうな顔をして済ましてゐる判らんことを、ちゃんと勉強しちょる…（中略）…俺もこなひだ話を聞いてそげんもんかと感心したんだが、夏は湿気が多い。そのため送風機から送る空気に水分が多く、それが炉内に入るもんだから、炉の中には目方にして何瓲といふ水を入れたことになる。だから炉況が悪くなる筈だ。高炉の夏痩ちゅうものは、こんなものだ。そこんところを考へて操業したら成績がよくなると云ふんだ」
「ほォ、そげなもんかな。何瓲なんチ話は大きすぎるが」
「いや、はっきり何瓲か、俺は忘れたが、親爺は、ややこしい数字を並べて話しよったぞ。ともかく何瓲ちゅう水になるんだ」（若杉、一九四三）

高炉事故にまつわる原理の解明が、前近代的な解釈枠組しかもちえなかった職工たちにとり、いかに驚きであったかがうかがえる。このようにして彼らは、前近代的知識にもとづく災因の自明性を突き崩していったといえる。いいかえれば、それは「高炉の夏痩せ」をめぐって引き起こされたところの、いまだ前近代的な伝承の世界に生きる職工たちの解釈に対する近代合理主義の勝利を意味していた。

最後に付言すれば、こうした田中の近代的な科学知識は、高炉事故で殉職した若い監督から学んだものであったという。そのいきさつは次のような美談として伝えられる。

その若い監督はかつて高等工業に在籍したことがあり、本来ならばエリートの側に属すべき人材であったが、家庭の事情で中退を余儀なくされた。ために仕事への熱意の高さに比して、身分的には職工どまりであった。そのようなわけで、たいていの者たちがコツや勘といった職人的経験に頼っていた中で、この人物だけは一つ一つの作業の意味を科学的知識として理解しており、その論理的筋道を適所に応用していくというすぐれて近代合理主義的な思考を体現していた。彼はまたドイツ人技術者と職工たちとの間で、その橋渡し的役割を担ってもいた。ドイツ人たちに反抗したのは主に釜石組だったが（一柳、一九五八）、それに対して彼は、一日も早く近代技術を修得するにはむしろドイツ人たちに学ぶべきだという、きわめて目的合理的な考え方のできる人物であった。

田中にとってこの監督との出会いはまさに近代との出会いであり、また前近代より持ち越された伝承との対決を意味していたと考えられる。『高炉工田中熊吉伝』には、志半ばで殉職した若き監督の精神は、実に田中のみが継承しうるものであったと記されている。

宿老補任の式典後に催された殉職者慰霊祭(6)の席上、ひたすら脳裏に去来するのは若くして逝ったこの監督の姿であり、作品の中の田中は、死者に向かい、嗚咽しながらこう呼び掛けるのだ。

「貴方に指導された田中は、あの頃と変らず働きつづけますー」

はたして宿老・田中熊吉はこの殉職した若き監督の遺志、すなわち製鉄所における近代合理主義の実現という召命を帯びた存在として、またそれゆえに前近代と近代をつなぐ媒介者的存在として語られていくことになったのではないか。おそらくはそうした両義性が彼にさらなる神聖性を付与し、職工と職員の身分的立場を超越した信頼感をはぐくむ与件になったと考えられる。〝高炉の神様〟という尊称がもうひとつ、その点を証しているとはいえまいか。

第二節　つくられる職工像（二）―戦中期「産業戦士」―

田中熊吉は製鉄所の開業とともに熔鉱炉の職工となり、戦中と戦後を通じてその職分を貫いた人物である。前節で明らかにしたように、製鉄所とともに歩んだ彼の足跡を詳細に記した『高炉工田中熊吉伝』では、高炉事故による片目の喪失をきっかけとして、職工・職員を問わず、神話的な田中像が広範に語られていく経緯に記述の比重がおかれていた。加えて彼自身の内面でも熔鉱炉に対する認識変化が起こり、しだいに〝高炉という神に我が身を捧げて奉仕する職工〟という観念が生み出されていったこと、そしてこのような彼の職務態度に捧げられた称賛が〝熔鉱炉の神様〟という尊称であったことが描写される。

ひるがえって、本節で取り上げる岩下作品『熱風』はどうであろうか。戦時色が濃厚になりつつあった当時、この作品はまた映画という新たなメディアへも再編成されている。結果からいうと、田中の仕事ぶりは、そうした新たな伝承の媒体を経ることで、やがて国家施策に馴化したモデルとして読み替えられてしまうのである。この時、彼に冠された尊称は〝産業戦士〟である。

●「産業戦士」の誕生

昭和の御世にはじめて「産業戦士」なる英雄が舞い下りたのは、三菱重工長崎造船所を舞台に映画『産業戦士の一日』が制作された昭和六（一九三一）年頃のことである。その後もシリーズ化され、昭和一二（一九三七）年あたりまで制作が続けられた。時代的に見ると、それは満州事変から日中戦争にかけての、まさに軍国化路線と同調するかたちで進められたことがわかる。

一方、満州事変の翌年（昭和七年）には上海事変が勃発するが、戦闘時、三人の工兵によるセンセーショナルな—爆弾を抱いたまま敵に体当たりする—爆死事件が起こっている。そうした自爆行為の真意はどうあれ、この出来事が国家目的遂行上の〝名誉の死〟という文脈で解釈されたことにより、三人の死者は護国のための「爆弾三勇士」という称号を得、それ以後、多様なメディアを通じて物語られるようになっていく。名誉の戦死を尊ぶこの時代の基本的精神は、「爆弾三勇士」の美談化に示されるごとく、まさに〝等しく天皇の赤子としての勤め〟を称揚するものであった(7)。

意外なことに「爆弾三勇士」の語りは当の軍人ばかりでなく、坑夫をはじめとする肉体労働者たちの間でことさら喧伝されたらしい。いうならば、立身出世の道からはじかれ、社会の周縁部に棄てておかれた人々、国家から顧みられず、因習に充ちた世上でもゆえなき差別と迫害に苦しみ続けた人々である。そして、この点は三勇士の出自とも重なり合っていた。生前の三人はいずれも赤貧洗うがごとき暮らしをし、そのうち一人は坑夫であった。また別の一人は被差別部落の出身者と噂されてもいたという（上野、一九八九）。

ちなみに工場から「産業戦士」が生み出されたように、炭鉱からも多くの「鶴嘴戦士」「石炭戦士」と呼ばれる坑夫たちが登場した。戦争の長期化にともない総力戦体制に突入すると、石炭増産の必要が生じ、そこで〝全炭鉱総突撃〟のスローガンが叫ばれるようになったのである。しかし当事者たちにとって、軍国美談で祀り上げられる坑夫の話など、しょせんは虚構にすぎなかった。たとえば上野英信の『追われゆく坑夫たち』（一九六〇）に登場するひとりの坑夫は、かつて働いていた長崎県のある炭鉱を「ひどいヤマだった」と回想する。彼は〝たった一箇のにぎり飯〟が欲しいばかりに、タコ部屋さながらの劣悪な労働環境のもと、日々の過酷な採炭作業のほかに、「荷を積んだ船が島の桟橋につくと、真夜中でも起きて荷をかつぎあげに」行かされたという。だがそんな空腹と激務の日々に耐え抜いても、「ひとまわりしてこい」という一言で、あっさりクビを宣告されてしまうのである。このような労働実態のどこに「石炭戦士」としての誇りなど見出しえようか。

だからこそ、そういう出自の人々を三勇士としていっせいに祀り上げ、帝国美談として広く全国に流布させることは、総力戦の流れを作り出したい国家にとって多分に意味あることだったのだ。たとえ一時的な虚構の世界であれ、社会的にスティグマを貼られた人々がその実存の意味を根本的に価値逆転された時、皮肉なことに、彼ら自身もまた国家総動員の波の中に進んで身をゆだねることになったのである。

国民皆兵制による当時の軍隊は、位階による序列の裾野を、国民の圧倒的多数を占める非エリート層（農民、労働者など）によって構成していた。これら兵卒たちは取り替えのきく鉄砲弾として常に最前線へと送り込まれる。同様に労働者たちも〝産業戦線の兵隊〟として苛烈な労働を期待された。下層の人々が往々にして惨めで悲壮な死をとげるのは、戦場での戦死も工場での事故死もさほど変わりがないだろう。それはまた近代兵器、大型機械の産物でもある。戦場や工場、炭鉱で看取った仲間の死にざまは、その日辛くも生き残った者にとって、そのまま明日の我が身の運命かもしれない。そういう現実を前にしての共苦共感の念が、国家的意図をおびた上からの祀り上げとは別の次元で、彼ら自身の死の予祝的意味合いをおびながら、これを哀悼・追慕する下からの「爆弾三勇士」「産業戦士」を縁取ったのではないだろうか。

実際「産業戦士」たちの簇生は、まさに「爆弾三勇士」の登場とほぼ時期を同じくしていた。すなわち昭和八（一九三三）年以降、産業報国運動の勃興、高揚といった風潮の中、この称号はじわじわと定着していったのである。それは労働強化の推進にともなう災害率の急上昇、わけても機械による深刻な重大災害の頻発と密接にかかわっていた。さらに太平洋戦争に突入する頃には、「産業戦士」は労働者を称揚する言葉としてすでに市民権を得ていたらしい。なんとなれば労災による異常死の大量発生は、戦死とパラレルにイメージされたにちがいない。

一方、このように労働が奨励され、労災による事故死者が尊崇されるという空気の中、一部職工たちの間には、笑うに笑えないある種の錯覚が生まれつつあった。

ちょうど「産業戦士」が喧伝されはじめた頃から、彼らは急に肩で風を切り、粋がって歩くようになったという。そのため勢いやくざ者との喧嘩が絶えず、警察沙汰になることも珍しくなかった。通報で駆けつけた警官はまず双方の掌を見て、どちらが職工でどちらがやくざかを判断し、職工と見定めたとたん態度を露骨に軟化させた。

「この手にもしも怪我をさせたら、お国のために大変な損失だ。こんなところで喧嘩なんかしていないで、早く工場に帰って仕事をしてくれ」

といった具合で、無罪放免にしてくれる。

また軍需工場の労働者たちには「神風」のロゴ入り手拭が特別支給され、それを巻くとまるで自分の人格までが格上げされたように錯覚し、夢中で働いていたという話もある。そして当事者たちはそんな時代を回顧しながら、実に「いい時代」だったと語っていたという（小関、一九八四）。

しかし、さすがに終戦間近の昭和一八年頃になると、そんな彼らもようやく事の本質に気づくようになる。しょせん国家施策に繰られた一兵卒でしかない自分たちは、もっとも危険な〝産業戦線〟で動かされていたひ

図12　金鵄勲章と技能賞（『技能賞に輝く産業戦士』扉絵、国民工業学院、1942）

とつの駒、投げ込まれていた鉄砲弾にすぎなかったのだ、ということに。もはや苛烈に労働することは大いなる自己矛盾である。まして命を懸けるなど！　いつしか彼らをとりまく空気は、工場内を憲兵たちが巡回し、手を休めれば威圧され、冬にマフラーを首に巻いているだけで容赦なく殴られる(8)、といった冷酷で殺伐とした感触へと一変する。

　後述するように、小説や映画などのメディアを通し、改めて「産業戦士」としての尊崇すべき田中像が提示されていったのは、まさしくこの時期にあたっていたのである。

●「産業戦士」たちのつくり方！——技——

　田中熊吉が〝産業戦士〟の鑑とされ始めたのは、職工の技能をめぐる新たな身体化への取り組みと軌を一にしていた。昭和一七年より、同盟国ドイツの産業報国運動を真似て、翼賛体制下での〝技能競錬大会〟が全国的規模で開催されるようになったのである。それは現在の〝技能オリンピック〟の前身というべき行事で、各部門の優秀者には「技能賞」が授与され、軍人の「金鵄勲章」に匹敵する名誉とされた（図12）。そうした中、熟練職工の技能は〝利己主義〟として新たな批判の的にされていく。

たとえば、昭和一一年にある会社の養成工として入った職工が、技能競錬大会での入賞後のインタビューで述べている。すなわち、従来の職人は「学問より腕を磨き、その技術を公開せず、聞かず、教えず主義」であり、「旧体制の悪弊」にすぎない（国民工業学院、一九四二）、と。

このような技能観の転換は、日本初の企業コンサルタントで、後に産業能率短期大学の創設者となった上野陽一が展開した能率論、すなわち「ムリ、ムダを省き、挙国一致して均一な製品を作る」という主張と深くかかわっているようだ（上野、一九四三）。早くも昭和六年の段階で「ムリ、ムダ、ムラをなくす」という自前のスローガンを掲げていた上野は、アメリカ人テイラーが推奨した科学的管理法の導入を徹底することで、民間工場の現場から事務にいたるまで、ありとあらゆる部門においてこれを実践していったのである。時代を先取りした彼の能率論は「合理化」「効率化」を唱える当時の増産体制にぴったりと合致した。しかしそれが広範にわたって受容されたのは、資源不足という日本の国家環境とも深く関係していたといえよう。

こうした事情は、日本にとって当初からの技術移入国であるドイツの場合と非常に酷似していた。資源に恵まれない国で多種の製品を作るには、使用する原材料を最少限にとどめる熟慮が必要である。ために、あらゆる技術が動員される（飯田、一九七三）。乏しい原材料を前にした作業では失敗による寸分のムダも許されまいし、また精密で高度な技術を正確に駆使しようとすれば、やはりムダのない機械的動作の方が適しているはずである。そこで必然的に〝能率〟が問われることになったのではないだろうか。とはいうものの、ムダとムラを省くことが、実はかえって職工たちの作業形態にムリを強いていることや、このことが労働災害の激発につながっていくという現実は、増産体制下における能率論の前にはすっかり忘却されてしまっていた。

それでは技能競錬会では、一体どのような技能のあり方が職工の理想と見なされたのか。

競錬会に先立っては各工場から熟練工（二五歳以上を原則とする）が選出され、それぞれ上司から徹底した訓練を受けたという。しかし与えられたメニューは、通常の作業内容と著しく異なっていた。彼らが修得を期待されたのはあくまでも作業能率向上を目的とした技能であり、目安となるのは作業にかかった時間の測定である。とにかく求められるのは隙のない迅速さであり、かくあるべく改善をほどこされた技能であった。たとえば燃料を燃やす投炭作業ひとつとっても、ただ投げ入れるのではなく、いかに効率的に燃焼させるかという経済性を考慮した投げ方が、技能として問われるようになったのである。

それは熟練した職工であればあるほど難しい注文である。ある職工は証言する。

「その癖を一人一人直すのが大変です。われわれの日常振るハンマーの使ひ方と、専門的なそれとは違ふのです。その我流を基本的に直すのはなかなかむづかしい」（国民工業学院、一九四二　傍点・筆者）

彼が感ずる「むづかしさ」は、「学科で習得した知識も、正しく応用せられた」技能として吸収しつつも、現場ではこれまでと同様、微妙なさじ加減といった個別の流儀による熟練技能が求められたことによるのだろう（国民工業学院、一九四二）。つまり職工たちはこの訓練を通じ、従来の現場主義的な技能の上に、専門的な各「学科技能」を統合させることを強く求められたのだ。その「むづかしさ」をクリアできた者のみが競錬会への参加を許される。そこで晴れて入賞すれば、彼の技能は時勢に適合した理想的なそれとして、他の者たちにも実践させるべく各現場へとフィードバックされる。このように競錬会が実施されるようになった結果、職工たちの技能は、増産体制に対応しうるだけの能率向上にかなう技能として一元化されていった。

同時期に喧伝された「産業戦士」の技能とは、そうした時代要求から生まれた新形態の技能であった。産業戦士の身体はこのようにしてつくられたのだ。

●「産業戦士」たちのつくり方”——心——

一方、競錬会の実施は職工たちの労働観にも新たな認識をもたらすことになった。労働神聖という理念は早くから提示されていたようだが、生身の職工たちは単調な作業内容に意欲をもてず、実際は転職を繰り返していた。そうした風潮を危惧する空気でもあったのか、たとえば昭和四（一九二九）年刊行の『處世新道』というマニュアル本では、アメリカやイギリスの労働観が引かれ、「職業に貴賤なし」との観念が説かれている。「職工的労働の仕事も一職工の心を以て心とせず、よく芸術家の心を以て心とせば立派な仕事に美化せしむることが出来る。換言すれば仕事に人格を注射すれば、職業観念の均一主義が徹底するのである」（増田、一九二九　傍点・筆者）

職工たちの職場における定着性の低さを裏付ける資料といえるだろう。しかし競錬会が開かれるようになったことで、作業に対する張り合いが俄然変わってきたようなのである。彼らの中には率先して仕事に取り組み、むしろ楽しむ風も見られるようになったという。そうした職場の雰囲気は、ある養成工（昭和一四年入社）の談話からもうかがえる。実は彼自身、仕事にいったん慣れてしまうと、そのあまりの単純さにとかく嫌気がさしていたというのだが……。

「これまでの私は一日一日がとにかく無事に過ぎてくれればよいといふような気持がなくはありませんでした。ところが、教錬が始つてからは仕事が面白くてたまらなくなつて来たのです」（国民工業学院、一九四二）

競錬会はこれまで重く見られることがなかった職工たちを、技能表彰という方法で表舞台に立たせることで、自らの労働と技能に誇りをもたせることに成功した。彼らはそこに職工としての自己の存在証明を求めていき、結果、労働に対する無条件の心理的起動力を得たのである。思えば〝日本人は勤勉〟という言説は一体いつに始まるのだろう？　ヴェーバーがプロテスタンティズムに資本主義精神の淵源を見たように、勤勉精神はこの時代の国家主義に源を発し、いまや〝日本人の民族性〟と称されるほど身になじんでしまったということだろうか。

農業経済学者のT・W・シュルツは勤勉精神を近代的産物と見なし、『農業近代化の理論』（一九六六）の中でこう述べている。

「低所得国の人々が現に働いている以上に働こうとする動因が弱いのは、労働の限界生産性が極めて低いからであるし、また現に貯蓄している以上に貯蓄しようとしないのは資本の限界生産性も極めて低いからである」

そうした低所得国の人々がもつ合理性は農民の生活にも十分あてはまる。どれほど懸命に働いても天候しだいであらゆる努力は水泡に帰してしまうのだから、そこではいかなる未来予測も無力である。その点、慣習に従順なルーティン・ワークに日々埋没していた方がはるかに合理的な暮らしが営めるのである。農業国であった当時の日本で、およそ国民の大半を占めたのはこのような人々であったと考えられる。

それゆえ勤勉精神は日本人に所与の資質というよりは、むしろヴェーバーが説くような産業社会の価値観に合致したものとして、この時代に新しく移入された労働倫理だったのではないだろうか。前記した『処世新道』の提言に、すでにアメリカやイギリス流のすぐれてヴェーバー的な労働観が盛り込まれていたことがそれを証している。

ともあれ誇りをもち喜んで仕事に打ち込む産業戦士の精神は、直接には競錬会での入賞という名誉に動機づけられながら、たしかに身体化にまでいたったのである。

「産業戦士」とはこの時代、職工たちに要請された技と心の合体した姿にほかならない。その身体を獲得した職工たちの誇りは、後ほど分析対象とする小説『熱風』の表紙にも見てとれよう。（前掲、図11）

●〃熔鉱炉の神様〃から〃産業戦士〃へ

かつて三人の工兵の死が「爆弾三勇士」として美談化されていったように、宿老・田中熊吉に見出される片目のシンボリズムもまた、それぞれの時代状況下で望ましいとされる枠組に合わせ、微妙に修正されては読み替えられていったといえる。たとえば前節で指摘したように、かつての尊称である〃熔鉱炉の神様〃には「高炉＝神」に捧げられた一目の人身御供、すなわち〃高炉〃という荒ぶる神に仕える職工のイメージが投影されていたと考えられる。

しかしながら、同時に田中がもっていた近代的な認識と科学合理的な技術は、その後の戦時体制下で、「産業報国」をスローガンとする軍需工場での適用が促されることとなる。これは理想的職工像の歴史上の大転換を意味した。かくして〃産業戦士〃となった彼は、まるで「高炉＝国家」に対する守護者のごとく語られるようになったのである。

ことに太平洋戦争に前後する時代、田中に代表される理想の職工像がいかに語られたかを俯瞰すると、それは以下のとおりである。

昭和一五（一九四〇）年一一月から翌年二月にかけて、事実上の労働者統制団体である大日本産業報国会が結成され、「産業報国」「労使一体」をスローガンとする産業報国運動が本格的に展開された。昭和一七年、岩下は『くろかね』三月号に掲載した「掌《たなごころ》―産業戦士を讃うる歌―」と題する詩によって、はじめてそうした時代性の中に職工たちの労働の意味を見出そうとしたのである。彼の言を借りれば、〃職工の掌〃とはすなわち技術をもち、「祖国」の要求に応える掌だという。いわく、

「然しこの逞しい掌を黙ってさし出せば日本中の人が、これこそ真の、「産業戦士」の掌だと脱帽するだろう……(中略)…その誇りがあればこそ貧しい生活にもめげずお前はただ黙々と働き続けているのだ」

ここに描かれた高炉作業に従事する職工の姿は、鉄づくりの技術をもって国家に奉仕し、銃後を守るもうひとつの兵士像である。そこでモチーフとなったのは、またしても田中熊吉その人である。岩下はこの詩作によって、産業報国運動の脈絡から〝産業戦士〟としての職工像を描いているが、同様の描写は以下のごとく小説『熱風』にも見出される。

職工の過酷な作業は愛国心からの奉仕にほかならず、それによって彼らは〝産業戦士〟と称えられる。なぜなら、「作業は高炉にしろ平炉にしろ圧延工場にしろ全てが小手先の技術で出来る仕事ではなく頑健な体力と旺盛な精神力をもって汗の奉仕なしには絶対出来ない仕事」であり、そんな過酷さに耐えられるのは、職工たちが「俸給を目的で働くのではなく愛国心を作業にぶちこんで働く産業戦線の兵隊」(岩下、一九四三　傍点・筆者)だからである。

ひるがえって、そんなふうに理想化されてしまった側の、生身の職工たち自身はどうであったか。産業報国のためにと労働を意味づけられた一方で、彼らにとっての〝高炉〟は依然、威容を誇る近代国家の象徴ではなく、前近代より連続する〝神様〟そのものであり続けた。

「最後に出る言葉は「神様」だった。神様、一時も早く四高炉の棚懸をなほして下さい。日本が大東亜戦に勝ち抜くためのお願ひです」(同　傍点・筆者)

この時代、職工たちにとって労働の目的は、戦争勝利という国家目的と重なっていた。にもかかわらず、そんな彼らが目的遂行のために取る手段は結局、高炉という〝きまぐれな神〟に祈り、これを操作することをおいてほかにはなかったのである。〝きまぐれな神〟をなだめるためにコークスの供物を捧げ、愛国心と技術をもって奉仕に当たるのが彼らの務めであり、作業完遂のためには死すらも厭わないのが理想の職工像とされたのだった。

そこには国家に従属する「高炉＝神」の姿と、その下で国家目的に我が身を投げ出して奉仕する「産業戦士」へと変貌していく職工たちの姿が、同時に投影されている。そして時には溶鉱炉という荒ぶる神に翻弄され、犠牲となる者もあったわけで、現に映画「熱風」の中の職工は作業のさなかに犠牲死をとげる。

●映画「熱風」と物語の創出

小説『熱風』は昭和一八（一九四三）年に刊行され、また時を同じくして映画化もされている（東宝作品、主演：藤田進、原節子　写真3）。

小説は戦時下の製鉄所を舞台とし、鉄鋼増産に向けて熔鉱炉の能率を上げようともくろむ職員、その結果、事故の犠牲となる老練の職長・吉野、またその死の悲劇を乗り越えていこうとする柴田ら若い職工たちの戦いを軸に展開される。

映画のストーリーもほぼ原作に沿って展開されるが、国策映画としての脚色上、ディテールにいくつかの相違が認められる。それは大きく二つのポイントに整理される。

まず原作にはない登場人物として、物語の中心を占める通称〝魔の第四高炉〟の事故により、不具となったひとりの職工が登場する。ただしこの人物にかぎらず、映画では傷を負った職工たちの様子が微細に描写されている。たとえば、それは溶鉱炉に転落した吉野が担ぎ込まれた病院の情景にも描き込まれ、白衣の医師や看護婦が忙しく立ち働く中で、松葉杖をついたり、頭に包帯を巻いたりした怪我人が背後をゆっくりと歩くシー

写真3　映画「熱風」のワンシーン、右側の人物が職長・吉野
（写真協力（財）川喜多記念映画文化財団）

ンなどが挿入される。

　次に、戦争と直結した〝増産〟という主題の強調である。吉野の死後、コークス炉を背にした原料倉庫で職員と職工が決闘するシーンは、増産作戦の遂行をめぐり危険を押しての強攻策を主張する職工側と、職工の身の安全を第一に考える職員側との葛藤の表出である。クライマックスは操業に不具合のある第四高炉をダイナマイトで爆破するシーンで、成功後、かつて職工と葛藤を演じたひとりの職員の召集が明かされる。このくだりの映像は、「銃を取る戦いも増産の戦いも、戦いは一つだ！」と語るくだんの職員の背後で、戦のシーンがフラッシュバックのように何度も増産シーンと重なり合うように作られている。やがて画面には「新記録月間撃ちてしやまん」と大書された看板が大写しになる。

　ここではっきりしてくることは、増産と戦争、また増産に励む産業戦士と戦に励む兵士とがパラレルに捉えられ、描かれている点である。またそうした重要なシーンでは必ずといってよいほど、多くの負傷者を出しながらもたじろがず増産に命を賭ける男たちの連帯の象徴として、あの巨大な溶鉱炉が映し出されるのである。

そして映画は、増産達成により建造された戦車が、戦場に落ちている敵の星条旗を踏み砕くシーンで終幕となる。

映画「熱風」の制作をめぐってもうひとつ興味深いのは、脇役ではあるが、ストーリー展開のうえでキーパーソンとなる吉野という存在である。

ちなみに岩下の原作では、熔鉱炉に墜落死をとげるこの熟練工は「学問こそなかったが、多年の経験によって身につけた技術」と近代的技術を合わせもち、また職場の人間関係では「事務所と現場とを繋ぐ血管」のごとき役割をはたしている。彼は上司である職員たち（課長、係長）の命令をよく守る一方、部下の職工たちからもおおいに慕われ、両方から絶大の信頼を得ているとされる。映画の中の吉野もまたそういう人物として描かれるが、そのモデルがすなわち田中熊吉だという説がある。ただしこの「田中モデル説」は、原作の段階ですでに岩下が意図していたものか、映画化の段階でそうなったものか、あるいは単に職工たちの間でそのように語り継がれているだけなのか、事の真相は定かでない。

たとえば田中のもとで働いていたある職工は、洞岡《くきおか》溶鉱炉でロケが行なわれた撮影時の模様を次のように回顧している（田中宿老白寿記念会、一九七〇）。

「俳優の菅井一郎さんが宿老に当たるような役で演出しますと、俳優というものは誠に大したもので田中宿老の動作を実にうまく捉えて、宿老そっくりの身振りで演出していました」（傍点・筆者）

このまるで明言を避けるかのような言い回しが示すごとく、菅井一郎演ずる熟練工がはたして本当に田中その人であったかどうかは、はなはだ確証に乏しい話である。他方、当時この映画を鑑賞した田山力哉の言によると、実際のモデルは田中宿老ではなかったが、とにかくこの人物もまた〝熔鉱炉の神〟の尊称で呼ばれていたことだけは確かだという（田山、一九八〇）。また戦後入社（昭和二二年）の元職工（七〇歳）は、撮影現場に居合わせた当時の職工らが俳優の名演技に田中の面影を見出しては、「田中モデル説」をささやき合っているうちに、そんな憶測がいつしか既成事実化してしまったという話を、先輩から聞いた覚えがあるという。

いずれにしてもこれらの証言から考えられるのは、〝熔鉱炉の神様〟と形容された理想的職工像が、映画を通じて〝産業戦士〟というさらなるイメージ醸成にも援用され、語られてきた蓋然性である。その際、とりわけ職工たちの語りの中で、主人公のモデルとしてもっとも有力視されたのは、やはり何といっても田中熊吉であったようだ。

ただし留意しなくてはならないのは、原作・映画ともに、主人公の熟練工が〝高炉事故で命を落とす〟結末で終わっている点であろう。もし本当に田中がモデルなら、実際には昭和四七（一九七二）年まで存命し九九歳の大往生を遂げた彼が、なぜ、ここであえて「死ぬ」べき者として物語られる必要があったのだろうか。この問いに焦点をあてつつ、また冒頭で指摘した映画化に際しての脚色の意味に留意しながら、戦中の職工たちをとりまく伝承の世界へと、これからしばし分け入ってみようと思う。

●帝国臣民化する職工たち

右に記した問いに対し私が注目したいのは、職工のシンボル・田中熊吉をモデルにしたとされる小説『熱風』がなぜ映画化されるにいたったのか、また作中の彼はなにゆえ「殉職」を課せられたのか、という点にある。そこで作業仮説として、まずは図13のような「信仰伝承に見る〈前近代→近代〉の連結モデル」を提示しておく。

図13　信仰伝承に見る〈前近代→近代〉の連結モデル

Ⅰ：前近代的な信仰伝承の脈絡	①お小夜・狭吾七伝承	②カミへの供儀（一目）
	↓ そのまま スライド	↓ 映画化を通じた 物語の創出
Ⅱ：近代国家における新たな信仰伝承（天皇制に投影された）の脈絡	①'近代的な科学主義	②'国家への供儀（英霊）

図中の「①お小夜・狭吾七伝承」とは、職工官舎地帯の前田村（現・八幡東区）を舞台とした、ある怨霊伝承のことである。悲業の死をとげた男女の怨霊が村全体に災厄をもたらしたため、やがて仲宿八幡宮に祀られるようになったという物語で、実際、前田地区ではことに火災が頻発した。また前節で触れた製鉄所における高炉事故、いわゆる「高炉の夏痩せ」現象の原因を、かつて職工たちの多くはこの伝承から解釈しており、得体の知れない地縛霊の影に彼らはただ脅えるばかりであった。その後、「お小夜・狭吾七伝承」は製鉄所の沿革と軌を一にするように、絶えず信仰形態を変容させつつ現在にいたっている。このあたりのいきさつについては第五章で詳しく取り上げたい。

ともあれ、ここで確認しておきたい点は、職工たちの語る田中像が、高炉事故をめぐる事後と事前の解釈について、極めて二律背反的な属性を示していることである。すなわち事故原因の事後究明にあたっては、近代科学の知識と技術を駆使しつつ、これを旧来より前田村に伝わるお小夜・狭吾七の怨霊に見出す前近代的な立場（①）から、近代的な科学主義に求める立場（①'）へと解き放ったことにより、田中は神聖視されていた。半面、事前に自己の死の意味が措定される次元になると、むしろ田中はその隻眼ゆえに神聖性を付与される〝カミへの供犠〟であり続けたのである。そこで国家としてはこうした前近代的な信仰伝承の世界を脱し、これを〝国家への供犠〟(Ⅱ英霊)へと昇華させるために、映画を通じて意図的にそのプロセスを創出する必要があったのではないだろうか。

その結果、職工たちの間には、「戦争勝利という国家目的のための高炉という〝きまぐれな神〟」という認識が生まれた。それは近代国家における新たな信仰伝承(天皇制に投影された)の脈絡(Ⅱ)が遂行されるために、その動機づけとして、前近代的な信仰伝承の脈絡(Ⅰ)が援用されたことを意味しよう。つまりは前近代の脈絡が近代のそれへと回収されていく仕組である。映画「熱風」のシーンでは、くだんの熟練工はぽっかりと口を広げた溶鉱炉の闇に、まるで巨大なブラックホールへ吸い込まれていくかのごとく、ゆっくりと、しかしまっすぐに落ちていった(9)。戦時下における鉄鋼増産の気運の中で、苛烈な〝産業戦士〟として国家のために生き抜くことを期待された彼は、同時にまた〝高炉＝神〟に向けても我が身を投げたのであった。その物言わぬ死、それは残された職工たちに老練の職工の死を代弁させ、その意味を自己解釈させるに十分であった。

先に指摘した原作にはない登場人物、すなわち高炉事故で不具となった職工は吉野の死に際し、

「俺はもう役立たずだ。だから俺にやらせてくれ」

と直談判するにいたる。また吉野の死を目の当たりにした主人公の柴田は、

「吉野のおやじさん。さぞ…さぞ。死に切れないだろうと思う」

と語りかけ、死んだ老職工の無念を心に期しながら、まるで仇をとるように、特攻服さながらの作業着を身にまとい、水をかぶって高炉に突入していくのである。

原作では、搬送先の病院で死んだ吉野が臨終の床で「柴田、高炉を頼む」とつぶやいたのを看護婦が聞きとめ、これを柴田に伝えたことになっている。つまり死者の言葉が生者を動かすという展開になるのだが、映画

ではそうした言葉なく逝った者の遺志を生者の側が忖度し、受け継ぐというふうに置き換えられてしまっている。しかしながら原作者の岩下自身、このような脚色を必ずしも望ましいとは考えていなかった節がある。

実際、映画の脚本『吼ゆる溶鉱炉』(「熱風」原題)に、岩下は自筆で「命懸けを余りにいはぬ方がいいやうだ」という書き込みを残している(北九州市立中央図書館所蔵、岩下俊作氏寄贈資料)。『熱風』生みの親の岩下自身が、「産業戦士」として一人歩きしてしまった職工像と折り合えず、死を賭して増産達成に邁進する「産業戦士」を特化させようとする国家と、職工たちが直面する現実の作業状況とのはざまで、深い矛盾を感じていたことが見て取れる。だが岩下の憂慮にもかかわらず、当時は〝産業戦士になる〟ための労働こそが、実に、職工たち全体に対して投げかけられた国民的使命であったと見るべきだろう。「熱風」とはそうした手順を促進するべく制作されたメディアであり、新たな上からの「物語」の創出にほかなるまい。

はたして、宿老・田中熊吉に投影されたこの時代の理想的職工像は、戦争にともなう増産体制の下、近代国家の体制に馴化された国民、すなわち「帝国臣民」と化したのである。しかしながら、こうした職工たちの馴化(〝産業戦士〟という語に象徴される国家への忠誠)という側面は、戦後に入ってさらなる新局面を迎えることとなる。

第四章　時代を超えた「職工」像（二）

―戦後～高度経済成長期―

戦後ふたたび田中熊吉をモデルにした新たな理想的職工像の創出が、高度経済成長の途上においてなされた。そのあり方は当時の世情を反映し、別の意味での新たな「産業戦士」像の出現を示していた。すなわちバブル期の頃まで喧伝された「企業戦士」なる名がそれである。

第一節　高度経済成長と田中熊吉

●高度経済成長の光と影

高度経済成長（以下、高度成長）といえば一般に、戦後復興への直接の契機となった五〇年代前半の朝鮮特需に始まる右肩上がりの経済成長が想起されるだろう。それはオートメーション方式による大量生産に象徴される技術革新や、交通、運輸面におけるモータリゼーションの到来にともなう現象であり、またこの時期にはテレビなど新たな情報機器も出現し、来たるべき情報化社会の萌芽を示していた。敗戦によりどん底にあった経済情勢は、わずか二〇年間ほどで平均一〇%の成長をとげた(1)。

しかし、このようなポジティブな側面は、同時にネガティブな問題をも内にはらんでいた。急激な技術革新に即応して生まれた「常にもっと投資を」という企業理念は社会的繁栄をもたらす一方で、多数の犠牲を人々に強いるという矛盾した結果を招来した。旺盛な企業意欲は労働者たちの生存権を圧迫し、労働力不足と賃金抑制によるいわゆる〝囚人労働〟を招くことで、そうした剥奪状況に対する抵抗形態としての労働運動を頻発させた。たとえば昭和三四(一九五九)年から翌年にかけての三池闘争などがその代表的事例といえる。他方、生産過程で排出される光化学スモッグなどの煤煙や、有害な化学物質などを含んだ廃水の垂れ流しは環境を汚染し、それが住民生活まで脅かす公害という深刻な社会問題を引き起こすにいたった。

これまで高度成長は主に技術史や経済史、民衆史において扱われ、右に述べたポジティブとネガティブの両面から検討されてきた(吉川、一九九七・猪木、二〇〇〇・色川、一九九四など)。また労働社会学などでも、機械的に管理される労働者と呼ばれる人々の生活実態、およびその社会的な自己疎外という現象面が、新たな課題として提起されている。だが、それらは急激な産業化への渦中における労働実態、ないし労働環境というテーマに関心の比重をおいた現象論的議論にとどまる観を呈し、当該の時代状況や時代要求を勘案しながらの労働者像構築の過程がほとんど顧みられなかった印象が強い。

右のような先行研究批判に立ちながら、本章では特にこの時代の「職工」がどのように構築されたかを見ていきたい。戦中期より引き継がれた「産業戦士」は、戦後いかにして「企業戦士」となりえたのだろうか?

●相次ぐ合理化と職工の多能化

戦後、八幡製鉄所は官営から民営に変わり、昭和四五（一九七〇）年には企業合併の結果、日本最大の「新日本製鉄」として再出発することとなった。こうした製鉄所の動向や職工たちの変貌は、前出の職場作家・佐木隆三（昭和三一年〜三九年、製鉄所勤務）の『冷えた鋼塊』（昭和五六年）や、佐木の実兄で製鉄所の下請け会社に勤務（昭和四二年〜平成二年）していた深田俊介の『わが八幡製鉄―経済大国の片隅で―』（平成四年）といった作品を通して、ある程度はうかがい知れる。

民営化による表向きの変化としては、民主主義の導入で身分制がなくなり（昭和二三年）、「職工」という職名も消滅し、「社員」という呼称で一括されたことで、平等が達せられたかに見えた。しかし旧世代の間では依然その意識は変わらず、学歴を基準とした待遇面での格差が設けられていたという。たとえば事務職員の給与が月給制だったのに対し、職工のそれは日給制で支払われることもあったし、福利施設の利用においても特典の違いが歴然としていた。

右記の点について、佐木は次のように証言する。

「その身分制度はすこしずつあらためられた。職工→工員→作業員→技術職といったふうに、呼びかたが変った。仕事の内容も、高熱のなかで重労働といった常識が、冷房のきいた部屋でリモートコントロールになってきている。しかし古い世代の人にとっては、ホワイトカラーとブルーカラーの違いが気になるものらしい」（佐木、一九八二）

そうした現状を背景としながら、昭和二〇年代後半から三〇年代半ばにかけて労働組合運動が活発化する。だが悪しくも高度成長と重なった闘争終盤、製鉄所が国策に即して技術革新による合理化を実施するにともない、様相は一変する。ことに池田内閣下での所得倍増計画（昭和三四年）にもとづき策定された第三次合理化計画（昭和三〇年代半ば〜四〇年代）は、職工たちの側からすれば〝合理化〟という名分下での人員整理にほかならなかった。その結果、どういうことが起こったか。深田の証言を引いてみよう。

「次つぎに経営者にとっての合理化は進み、その対象になる作業要員は労働密度の高さ、厳しさを求められ、それに追いつけない者は〈余剰人員〉と呼ばれ、出向、配転の憂き目をみたのである」(深田、一九九二)。

では、こうした相次ぐ合理化は職工の技能面において、具体的にどのような変化をもたらしたのだろうか。この問いをめぐっては話がやや前後するが、佐木によれば、第三次合理化計画に先立つところの第二次合理化計画(昭和三一年〜三四年)が特に重大な転換期となる。そこでは完全な機械化による労働時間の大幅短縮が目的とされた。製鉄所は朝鮮戦争(一九五〇〜五三年)を経て昭和三七年頃までには合理化をほぼ達成していたが、それはこうした第二次合理化あっての成果といえる。「労働密度の高さ、厳しさ」そして実はこの点が、職工にとって新たな技能の身体化を意味していた。

第二次合理化にともなう労働時間の短縮は余剰時間を生んだことで、職工たちは余った時間を他の部署と兼任するべく指導されるようになる。つまり労働時間が短縮されることでかえって「労働密度の高さ、厳しさ」が問われることになり、それをクリアできない者は第三次合理化で容赦のない人員整理にさらされることになる。そうした事態を忌避し、自分の技能の有効性をアピールするため、彼らはひとりで工場内のいくつもの職種を掛け持ちすることを余儀なくされた。さらに複数業務の掛け持ちを可能にするには、それだけ多種にわたる免許の取得が必須となる。たとえば圧延作業の場合だと、原料となる鋼板を運搬するリフトカーの運転手が、機械化にともなう素材の組み替え時間の短縮によって、その余った時間を起重機の運転手として兼任しなくてはならない、というように(佐木、一九六九)。こうして職工たちの負担はかえって増す結果となった(図14)。

そのことはまた、求められる職工の技能のあり方が、従来の単能的なものから多能的なものへと変化したことを意味していた。ただし、それはひとつのモノを作り上げるための総合的な技能を示す多能性(第一章第一

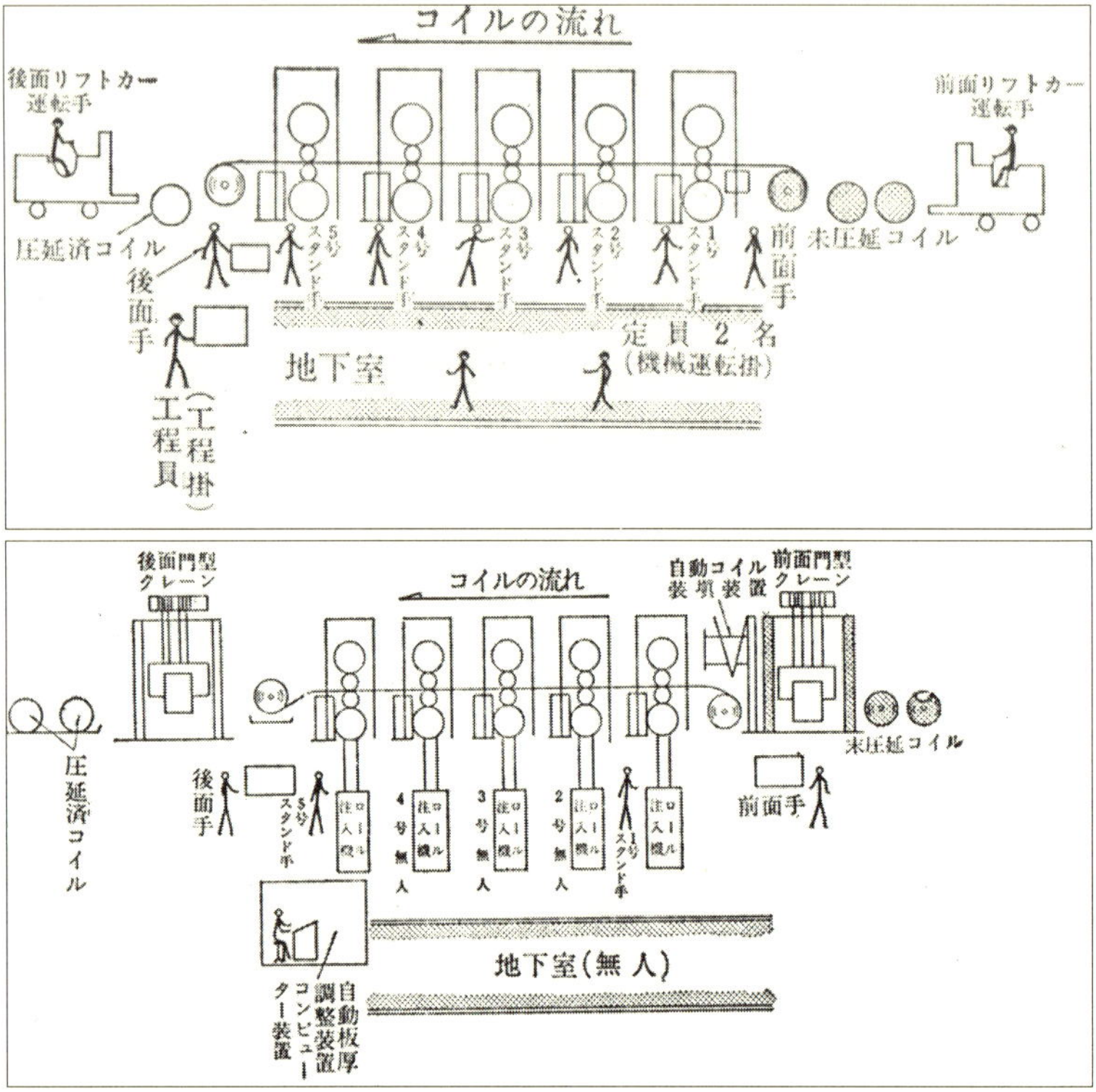

図14　合理化とその影響（上・戸畑工場、下・新鋭の君津工場、佐木、1969）
作業員数の差に注目されたい。

節参照）ではない。いくら複数の部署を担当したところで、その個々の作業内容からは仕事の、あるいは出来上がったモノの全体像を構想しえない、あくまでも単能の集積にすぎない多能であった。

●〝絶望工場〟にて

右に記したような状況は、ノンフィクション作家・鎌田慧のルポルタージュにも詳細な事例の記述がある。

時代は少し下るが、鎌田は昭和四七年、ある自動車工場に季節工として半年間、勤めた経験をもつ。昭和二四年に始まるその会社の合理化は、ある工場長の提示した作業計画により進められた。それは「作業基準時間」を算出し、「能率」測定による作業管理を実施するというものである。

まず労働時間は「人工時間」と「機械時間」に区分され、機械を用いた作業時間（＝機械時間）は、厳密な意味での労働時間（＝人工時間）にはカウントされないことになった。また、以前は機械操作の合間に職工たちの「手待ち時間」がおかれていたが、まるで間隙を縫うように、その間には他の機械を担当させられることになった。当然、職工たちにはそうした複数の機械を均等に使いこなす技能が求められるようになり、その修得には実に一年を要したという。

加えて、このように徹底した作業管理は作業を限りなく標準化させ、そのぶん職工たちが従来もっていた熟練技能を解体させることにつながった。それより以降、全作業が機械化され、自動化された機械が工程順に配置されるラインが敷かれたことで連続的生産方式が確立し、鎌田いわく、「労働者たちは、機械と機械の間を歩き回りながら、機械を使うのではなく、機械に奉仕することになった」（鎌田、一九八三）。

鎌田は、そんな職工たちの尊厳なき労働環境を「絶望工場」と呼んだ。

雇用者側が職工に求める技能観に変化が現われるのは、まさにそうした中においてであった。

まずは、かつて尊ばれた肉体的熟練によるコツや勘は不要とされ、代わりに高卒以上という〝学歴〟が要求されるようになった。複雑で高度に難解な機械の操作にはそれだけの技術資格と科学的計算に裏付けられた技能が不可欠だからである。すなわち、

「その血のにじむような思いをして手に入れた新鋭設備を使いこなすためには、従前の小学校出の熟練工ではとても無理であった。例えばドイツから輸入した新鋭機械の横文字が読めないとか、電気操作を行うにしても電気の基礎理論がわかっていないということでは困るし、また高炉にしても、火かげんをみてリンが多いか、少ないかを判断するような時代ではなくなっていた」（小松、一九八二）。

前出の深田俊介の言を借りれば、まさしく〝技能を持つ者に厚く、持たぬものに薄く〟という状況であった。

●そして〈馬鹿ん真似人間〉へ

そうした傾向は八幡の場合、特に〝鉄冷え〟(昭和四八年)後に著しくなり、社員教育の徹底化が図られるようになったといわれる。それは作業管理の徹底や語学知識、各種資格の取得の励行であり、職工の側にとっては出世どころか、まさに社内で生き残っていくための必須条件とまでなった。いわば「労働力を売るだけでなく、思考力まで売らされている」(佐木、一九八二)ありさまである。だがこのような職場環境は、結果として職工自身の意識を変容させることになり、合理化は会社に従順な職工像を生み出した。

そして昭和三二(一九五七)年以降の〝鉄の一発回答〟に象徴されるように、労働運動もまた徐々に労使協調路線へと転換していったのである。職工として渦中にあったある人物の述懐では、すでにユニオンショップ制の導入によって御用的な性格を帯び、闘争を骨抜きされていた組合に対し、職工たちは不信感を抱いていたが、このことがかえって彼らの製鉄所への依存心を高め、結果として会社に従順な職工たちを生み出すことになったという。深田は、こうした彼らの変貌ぶりについて、次のように述べている。

「会社にとって従業員が〝しつけ〟を守ることは大歓迎なわけで、繰り返しくりかえし…(中略)…こまめに掛長、作業長の抜打ちパトロールを実施して、考課資料にしていくのだ。それが怖くて、大方の『作業要員』はマニュアル通りに動く《馬鹿ん真似》人間になっていく。それは作業上のことだけではなく、ものを考える

上でも会社の意向を忖度する、《馬鹿ん真似》人間になっていくことになるのだ」（傍点・筆者）

このようにかつての粗野で無学な職工像は、いまや高い学歴や技術資格をもち、雇い主に対しては従順な、おとなしい職工像へと作り替えられていくことになった。高度成長を迎えた時期、急速に変動する社会を生き残らなくてはならない雇用者としては、技術革新に適応し、会社の意向に忠誠心をもって従う人材を、いかに獲得するかが当面の問題であった。それはいわば時代要求であった。

興味深いのは、社内報『くろがね』に一二回にわたって連載された二度目の田中熊吉伝「宿老田中熊吉」や小説「宿老」などが、佐木隆三によって、このような時期に重複するように相次いで刊行されたという事実である(2)。では、そこに描かれる田中像はいかなる理想的職工像を投影させていたのだろうか。

第二節　「高炉の名医」田中熊吉

●語られない片目（一）—職工＝テクニシャンとして—

まずは「宿老田中熊吉」である。

この作品が目を引くのは、田中の尊称が〝高炉の神様〟から〝高炉の名医〟へと転じている点である。技術者＝〝エンジニヤ〟に比肩されるべき、作業員＝〝テクニシャン〟としての職工認識がそこには反映されている。

「田中熊吉にしてみれば、「職工」にはまたそれ独自のものがある。という気持ちを捨て去りたくなかったのだ。技術者がエンジニヤであれば、作業員はどうよばれるべきか。ここにテクニシャンという言葉がある。技能者のことだ。田中熊吉のいう「職工」とは、まさにこのことなのである。…（中略）…しかし、テクニシャンになれるのは、やはり学問だけで云々出来ぬ、一種の才能というようなものが要るとじゃないですかな。この才能は、先天的なものではなくて、磨けば必ず輝くものです」（第二〇回）。

次いで、製鉄所の新たな作業環境に田中が自身の技能を適合させるべく努力する過程が描かれる。そこでは時代の要請に従い、テクニシャンにふさわしい技能をもった職工として会社へ奉仕する姿勢が貫かれているといえよう。

「歴史的火入れをした第一高炉からみると、さらに設備能力が向上した新型炉だから、田中熊吉もいつまでも過去の経験だけに安住しているわけにはいかない、持前の旺盛な研究心で、せっせと新しい知識を吸収した」（第二一回）。

尊称の変化が起こるのは、そうしたさなかでだった。従前の語りでは、田中に神聖性を付与する要因となった事故による隻眼と、片目を潰すまでの行為から抽出される忠誠心(3)が、等しくその主たるモチーフをなしていた。対して、ここでは「目を潰してまで奉仕する」行為自体は重視されるものの、隻眼という要因については単にそうした行為の結果として、わずかに触れられるのみである。これは「片目」に投影された意味の変質を物語るものではなかろうか。またこの点と関連して、「高炉」は片目が犠牲に捧げられるほどの神聖視の対象というよりは、職工たちがその〝テクニック〟を注ぎ入れる物質的な対象にすぎなくなっている。

したがって田中の重要な属性とされた「片目」に対する記述の稀薄さには、これまでのような隻眼の神聖性よりも、むしろ高炉作業に対する忠誠心のひとつの象徴としてこれを捉える、といった認識が反映されているのではないだろうか。

●語られない片目（二）—いまやサンドイッチマンとして—

片目に対するそうした認識の変化は、「宿老」（昭和三七年）でさらに詳細に描かれる。

「宿老」は田中に憧れて入社した新米職工を主人公とした物語で、戦後の製鉄所構内での田中の状況が克明に描かれている。奇妙なことにそこからは、かつて隻眼のゆえに敬愛され、尊崇された、ひいては神格化にまでいたった田中の姿は、つゆほどもうかがえない。つまり隻眼については〝何も語られていない〟といういわば「伝承の不在」が、この時期における新たな伝承のあり方となっているのだ。その代わり、「宿老」の語り口は田中に対し、いささか棘を含んだものになっている。

たとえば隻眼の怪我と同様、命を賭した「産業戦士」の模範として、彼のもうひとつの功績とされたのが大正九（一九二〇）年に起こった〝大騒擾〟での逸話である。これは第一次大戦後の不況下、職工たちが製鉄所構内で大規模罷業《ストライキ》を引き起こした事件である。会社側ではその時〝命懸けで高炉を守った職工〟として田中を物語ったが、昭和三〇年代当時の職工たちはこうした田中評をまるで否定していたようである。作中で、以下のような職工同士の会話がある（傍点・筆者）。

「なんだ、スト破りじゃないか」

「こいつはすごいことを言う。宿老がスト破りとね。流石に全学連になり損じただけのことはある」…（中略）…

「それはともかく、騒動が終ってその話しを伝え聞いた製鉄所長官がいたく感激、このように愛国的な職工をそのままに置くことはない、なんとか功績に酬いてやらねば、というので宿老制度を設けたわけタイ」

「ちえっ、がっかりだな。どんな功労者かとひそかに尊敬をしていたんだ。ところが、スト破りじゃないか。いまの世でいう、第二組合作りの策謀家さ。製鉄所が、そんな男を表彰して従業員の眼をくらませたわけだ」

また、この二人の間に入った役付け職工も次のような言葉で彼らをいさめている。だがそこに含まれた揶揄は、この役付け職工と平職工たちが共犯関係にあることを露呈する。

「宿老さまをつかまえて、スト破りとはなにごとか。まあ、スト破りみたいなもんじゃが、それはハラの中で思うのであって、口に出すもんじゃなかバイ。製鉄所に入って出世をしようというような人間は、決して宿老の悪口なんぞを言わん」

また昭和三五年には一人の部長を発起人とし、田中の胸像（写真4）の除幕式が行なわれている。その製作は全従業員からの寄付によるという、社長待遇と同等な異例の方式がとられた。贈呈式は職工も加わっての盛

写真４　製鉄所構内に建つ田中宿老の胸像

大なものだったが、強制ではないものの炎天下で覆いもない地べたに直接座らされることもあって、大多数の者は不承不承の参加であり、そこに田中を積極的に祝福しようという姿勢はさほど見られなかったという。これは職員の態度にも共通していた。「宿老」には、贈呈式の後片付けをする職員たちの、以下のような会話シーンが盛り込まれている（傍点・筆者）。


「で、胸像はどこに置くのだったっけ」

「さっそく、宿老の自宅に運ばせます」

「なんだ、工場に置くのじゃないのか」

「適当な場所がないものですから」

「それは残念だろう、なにも言っていなかったかい」

「どうも…宿老さんには申しわけないんですが、近く事務所を建増しする計画もあるので場所が無くて」

「まあいいや、実物を置くのだから」

「いや、どうも…」

二人はそこで、声を合せて笑った。


また職工同士の会話の中にも次のような箇所がある。

「何が楽しみなもんか。熔鉱炉にやってきても皆に邪魔者扱いされるばかりで、いまは仕事ちゅうたらサンドイッチマンみたいなことばかり…」…（中略）…
「テレビやら雑誌にやら、やたらに宿老を売込んで〝まことの労働者〟げな文句を並べたてよる。会社にしてみれば、社員教育でも社外宣伝でも絶好の材料として宿老を使いよる」

右に見てきたように（むろん文学作品上の語りという資料的制約は否めないが）、この時期の田中をめぐる語りは戦前、戦中と異なり、神格化にまでいたった隻眼という身体的特性に関しては一切触れず、むしろ従前の語りを否定する調子が読み取れる。田中を定年のない〝宿老〟職、つまり職工の代表者の地位にまで押し上げることになった逸話のひとつが「スト破り」呼ばわりされ、彼の有した技能（機械操作や修理上のコツや勘）もまた会社の名を売るための「サンドイッチマン」扱いされていた。

このように、田中に対し冷ややかなまなざしが注がれていたらしい職場の様子は、小説の中だけでなく、現実の作業風景においても見られたという。佐木は筆者の聞き取りに対し、そうした語りの変化の原因を次のように述べている。

「実際に尊敬する気持ちは皆が抱いていたけど、彼の技能は残念ながらもはや合理化の現実に対処しえなくなっていたから、現場では何の役にも立たなくなっていた」

そのような田中観の変化とともに、彼を神聖視させてきた直接の要因であった〝片目〟の逸話は語られなくなっていたのである。

●〝溶鉱炉の神様〟から〝高炉の名医〟へ

「高炉」に対する認識という点でも、職工たちの忠誠心はもはや「高炉＝神様」に捧げられるコークスの供物としてでなく、「高炉＝会社」に捧げられる技能奉仕として形象化されている。さらにこうした奉仕の姿勢は、炉況の悪化にともなう技術派遣というかたちで具体的に示される。そこにはもはや、これを「高炉＝神」の祟りに求める認識は見出されず、高炉の病を直す技能のみが語られるのである。すなわち、「かつて日本中の各社高炉が時おり「非常」と称する炉況になり、その回復に必ずといってよい程宿老にお呼びがかかった。その都度かならず期待以上の働きを見せ、「非常」の炉況回復の名医であり、神様と称せられたのも当然といえることである」（田中宿老白寿記念会、一九七〇）。

戦前の「高炉＝神」という認識は、田中がもつ技術の高さゆえに、彼自身への神聖視に変じていったと考えられる。高炉の病を治す「名医」がここでもまた「神様」と称せられている点に、そのことは端的に示されている。ひるがえって、会社側が彼に「高炉の名医」の尊称を付与してまでも再び物語を創出しはじめたのは、どのような理由からであろうか。そこで、次には「高炉の名医」という尊称がもつ意味について検討してみたい。

実はこの尊称は田中に対してのみ用いられたものではなかった。田中と同様、熔鉱炉職にあった駒井卓（昭和一〇年～四〇年、勤務）にも、この尊称が冠せられていた（駒井、一九六五）。それは「熔鉱炉のつむじ曲がり」という駒井の講演録に示されている。

「重油を呑み過ぎて、腹の内壁を傷めたのか、大きな腹下しを起して全羽口からノロの流れ放しという状態を起してしまった。とにかく出たものは取かたずけ、カンフル注射をしながら、重油は止めさせ、酸素吸入も細々とやらねばならないほどの重態となったのである。…（中略）…病状は立ち直りをみせる。見守る親はやれやれと思って一安心する。すると羽口が破れる。熔鉱炉のつむじ曲がりはどこまで行けば止むのか。徹夜が二日も続く。心身ともに疲れたとは云え、神経はさえて炉を守る人たちの苦労は、これを味わった人が一番よく知っているが、たとえようがない。…（中略）…毎日、毎日、熔鉱炉の名医や大家が往診し全知全能をしぼって数日のうちに全快のめどがついたことはなによりであった」（傍点・筆者）

つまり熔鉱炉は「つむじ曲がりの子供」に喩えられることから、職工は常に悩まされる親という認識が生じている。しかし彼らはその病気に対しては、可能な限りの手段を講じて治療に務めようとする「名医」でもあるという認識が示される。そして、かくなるためには熔鉱炉の示すあらゆる症状万般に通じねばならないことが、次に示される。

「出銑、出滓ごとにだんだんノロの色が変わってくる。何か悪いものを喰ったんではなかろうかと、調べて見たが、別に変わりはない。…（中略）…そのうちノロの色はもとにかえりなにごともなかったように、平常の出銑、出滓となった。暑気当りか、おかしなこともあるものだと思って、翌日になるとまた前と同じ症状を起している。…（中略）…なぜこのような症状変化、炉況変化が起ったのか。それはこうである。冷却板がわずかに破れ、水が炉内に入る。炉熱が冷える。ノロが黒くなる。そのうち冷却板近くのノロが、固まり、冷却板の破れを閉ざす。そうなると炉熱がまた通常のように上ってくる。炉熱が上ると、固まったノロが溶けてくる。冷却板についていたノロが溶ける。冷却板の破れ口が現

われる、すると水が炉内に入る。ふた、びノロの色が変わり固まる。これを繰り返していたのである」（傍点・筆者）

そこでは熔鉱炉操業原理の科学的理解が不可欠であり、これにもとづき〝治療＝修理〟を施すことから「名医」と呼ばれたことが理解されるだろう。つまり「高炉の名医」とは、一体的関係で結ばれた熔鉱炉と職工との関係および、高炉原理の科学的理解という二つの側面が象徴化された尊称と解釈されるのである。このような語りからはもはや高炉の神聖性、すなわち、かつて田中の失われた片目が「熔鉱炉の神」に捧げられた〝人身御供〟と解釈されたほどの神聖性は減じられ、その代わりに〝職工＝病を直す技術・技能をもった医者〟といった認識への変化が見て取れる。それでは、この時代における技術・技能とはいかなるものとして把握されていたのだろうか。

●孤立する宿老

戦後しばらくまでの技術水準の様相を、稲山嘉寛（昭和三年入社、元新日本製鐵名誉会長・経団連元会長）は以下のように述懐する（稲山、一九八六）。

「昭和三年ころの熔鉱炉の規模は、日産五〇〇トン以下の小さいもので、計量器、計測器といったものがついていないから、熔鉱炉の中がどうなっているか、皆目見当がつかない」（傍点・筆者）

こうした状態は朝鮮戦争直前まで続いたという。その程度の技術力では高炉内部での微妙な科学的変化は見極められず、よって、いまだコツや勘といった技能に依存した作業を行なわざるをえなかったのである。そこで、しかるべき技能特性を満たした職工が募集されていたという（小松、一九八二）。

「（朝鮮戦争）当時の採用基準は、そもそも鉄鋼労働者というのは重筋・高熱労働に耐えられるものでなければならないという考えが強かったから、学歴よりも例えば米俵を担げるかというようなことの方が重視された」（括弧内・筆者）

すなわち戦前から朝鮮戦争直前までの職工に要求された技能とは、同時代の技術レベルに即応する程度のものでよしとされ、それだけに肉体的熟練が重視され、低学歴でも身体頑健という条件を満たしていれば勤まると評価されたのである。

ところが朝鮮戦争にともなう増産体制の後、そうした技術・技能認識は一変するとともに、田中に対する認識（ことに〝高炉の神様〟という尊称に内包される）も転換していく。先に述べた「宿老」にはこうした意味転換の過程が記されている。それは朝鮮特需の好景気時に起こった労働災害、それもかつてなかった規模の熔鉱炉の爆発事故を機にしていたという。いささか長くなるが、そのくだりを引用してみよう。

「事故は白昼の出来事で、ちょうど宿老は炉前に来ていた。どうも炉の調子がおかしいと早朝から検討を続けていて、宿老は工場課長と連れだって来ていたのだ。炉の様子がおかしいとはいうものの、どの部分がどう不調なのかはわかっていなかった。…（中略）…

ああでもない、こうでもないと議論しているうちに、底のほうが急に赤みを帯びてきた。次の瞬間、ぱあっと鋳床下が明るくなったので、〝危い、逃げるんだ〟と伍長が叫んだのである。そして十五秒後に炉底部から洩れた熔銑が海水と衝突して最初の爆発を起したのだ。だが、その十五秒のあいだに一悶着起った。宿老が〝逃げるな、各自持場を離れちゃならん〟と、炉前工および原因調査の技術員を制したからだ。むろん誰も耳を借すどころか、夢中でそれぞれ安全と見止める場所に避難したのである。工場課長も、顔色を変えて鋳床から地面への階段を駆け下り、残ったのは宿老だけだった。…（中略）…

その爆発が続いているあいだ、宿老はうわごとのように〝早く行け、このままほうっておくと熔鉱炉がダメになる〟というような意味のようなことを叫び続けていたという。そして爆発がおさまり、炉底が破れてしまったので修理に半年かかる、とわかると〝この腰抜けども〟と宿老は激しい口調で周囲の者をなじり、特に伍長には〝せっかく伍長にしてやったのに、お前には死んでも持場を離れんぞという責任感がない〟と殴りかかるような勢いだった。しかし持場についていてもどうしようもなかった、と伍長が弁解すると〝とにかくお前は熔鉱炉を放って逃げた。職工の責任者としての資格があるか〟と言い宿老さんだってあのまま立っていたら生命はなかった筈だ、と工場課長がなだめると〝ワタシは熔鉱炉と一緒に死ねるのならそれが本望です〟と宿老は工場課長にも喰ってかかった。そして〝船長は船が沈むときは一緒に運命を共にするち言います。課長さんも伍長も、熔鉱炉を船にたとえればその船長じゃなかとですか〟と涙を流して言い続けたというのである。…（中略）…宿老さんはそのあとは、沈没間際の船長の話しなどは持ち出さんようになったばって、相かわらず〝あの伍長には責任感がなか。熔鉱炉を一基あずかっとるちゅう自覚どころか、わが身の無事をまず最初に考えるような男じゃ〟と伍長さんのことを言い続けよる。当時ワシ等は伍長さんは部下を誘導して安全に避難させてくれた、と当然そのことを感謝したタイ。…（中略）…とにかく伍長さんのカブは上るいっぽう、宿老さんはいよいよ皆にバカにされるばっかりで、以後は全然現場に寄りつかず、たまに炉前に顔をみせても遠くから眺めてぶつぶつ言いよるだけじゃ」（傍点・筆者）

そこには〝我が身より先ず高炉を守れ〟という田中の指示よりも、役付け職工が発した〝先ず我が身の安全を図れ〟との指示に、職工のみならず職員までが従ってしまった様子が示されている。そのうえ皮肉なことに、事故の要因が田中の技術・技能の限界点を超えたものであった点もうかがえる。高炉作業は、熟練によるコツや勘といった技能によるものでは、もはや技術的に限界状況にあったのである。また、この話には、事故をめぐる田中と責任者である役付け職工との高炉に対する認識の相違が示されている。

役付け職工はもはや技能面での高炉制御が不能と科学的に判断したからこそ、高炉よりも作業する人々の命を優先した。他方、田中はたとえ技能的に不可能であっても神様である高炉を命懸けで守るという姿勢を最優先にしたのである。すなわち、そこには前近代性と近代性との狭間における、職工の高炉に対する認識の相違がうかがえよう。結果的に、それは田中よりも役付け職工の方を利することになった。そして同時に、このことは高炉に付与された神聖観念の転換をも意味していた。

それ以降の技術は目覚しい変化をとげた。

「第一次合理化（昭和二六年以降）に次ぐ第二次合理化（昭和三一年以降）を断行することによって、日本の鉄鋼業が、下手をすれば熔鉱炉の火が消え、絶滅してしまうかもしれないというような瀬戸際の状態から、何とか立ち直らねばならない大切な時期であった。…（中略）…その血のにじむような思いをして手に入れた新鋭設備を使いこなすためには、従前の小学校出の熟練工ではとても無理であった。…（中略）…輸入した新鋭機械の横文字が読めないとか、電気操作を行うにしても電気の基礎理論がわかっていないということでは困るし、また高炉にしても、火かげんをみてリンが多いか、少ないかを判断するような時代ではなくなっていた」（小松、一九八二　傍点および括弧内・筆者）

そこにははっきりと技能面での転換が認められる。つまり高炉内の状況は合理化の過程で推進された機械化にともない、以後はすべて計量器、計測器から得られる客観的なデータにもとづき判断されるようになり、そうした中でコツや勘といった技能に依存する作業ははっきりと否定されるようになったのである。しかし奇妙なことであるが、すでに技術が飛躍的に発展した段階にあったにもかかわらず、これまで述べてきたように、田中の神話化があえてこの時期に再度試みられたのはなぜなのだろうか。

●モーレツ社員の原型―フットワーク・スキル・ライセンス―

それはこの時期の語りの中核を占めていた新たなる二つの属性と関係すると思われる。それは『宿老田中熊吉』の随所を貫いてうかがわれる点、すなわち国内のみならず海外にまで及んだ高炉派遣に示される〝出張や転居〟、それに〝洋行・語学・資格〟である。

まず第一の点については、以下の記述に見て取れる。

「高炉のことならなんでもこいという、そのキャリアにものを言わせての仕事が高く評価されてのことである。…（中略）…全国のあちこちを巡回しているのは、各地に新設された熔鉱炉のために立ち合い、また故障

と聞き、すぐかけつけるからであった。まさに、高炉の名医だ」（第二二回）

実際、この時期の製鉄所では職工たちの全国的移動が推進されていた。それは前述した合理化計画にともなう輸送コストなどの削減により、これまでの原料供給地的な立地から消費地立地の臨海製鉄所へと構造転換していく中で引き起こされた現象だった。その結果、職工たちの大量流出は極めて急激な現象としてあらわれることとなった。すなわち、

「そのほとんどが、北九州地方を故郷に持つ数多くの従業員が、関西へ、関東へと移っていったさまは、正に「民族の大移動」と称すべき、画期的な出来事であった」（八幡製鉄所所史編さん実行委員会編、一九八〇）

こうした「民族の大移動」がいかに短期間のうちに実施されたかは、表4からも推察することができるだろう。生まれ故郷を捨てても会社の意向に従わねばならなかった人々の姿と、文字どおり会社の意向に従順な雇用者側にとっての理想的職工像が、高度経済成長という時代状況の中で結び合わされていることが、この数字からは読み取れるのではないだろうか。

ただしこの時期、「民族の大移動」は単に北九州の職工だけに見られた現象ではなかったようだ。合理化という時代状況の中で、同様の現象はエネルギー資源の転換という深刻な事態に直面した炭鉱においても見られた。官営製鉄所が八幡におかれたのは後背地に炭田が控えていたことが大きくかかわっていたが、製鉄所の合理化は返す刀でその筑豊炭鉱を直撃したのであった。

年代（昭和）	移転先の製鉄所	移動人員
29～46年	光（山口県）	1,272
34～47年	堺（大阪府）	2,949
36～50年	君津（千葉県）	4,121
45～50年	大分（大分県）	740
35～43年	名古屋（愛知県）	131
計		9,213

表4　民族大移動の状況
（八幡製鉄所所史編さん実行委員会編、1980より作成）

読者の中には昭和三四（一九五九）年に始まる「三池争議」を記憶する人もいるのではないだろうか。合理化にともなう大規模な首切りが断行されると、坑夫たちは解雇を不当な扱いだとして、これに昂然と抵抗した。筑豊から火がついた大規模な反対闘争はその後、全国各地の炭鉱地帯へも波及する。だが結局、彼らは大規模炭鉱と結びついた会社側の圧倒的な力の前に敗北し、やがて他の坑夫たちも「炭鉱離職者臨時措置法」の施行によって北海道など遠隔地への移住を奨励されることとなったのである。上野英信はこれを〝体の良い所払い〟にすぎなかったとしている（上野、一九六〇）。このように坑夫たちもまた、職工同様、時代の宿命には抗えない木の葉のような存在であったといえよう。

第二の点に関しては、ドイツに留学し（明治四五年）、そのための語学を修得し、さらに留学の成果として「修了証明書」を授与された、田中熊吉の履歴に示される。特に証明書が授与されたことは、〝マイスター〟と呼称されるほどの働きぶりと寝る間も惜しむほどの熱心な技術研究の姿勢に対し、特例として彼ひとりにだけ発行されたものとして、深い意味をもっていたという。すなわち、「ドイツのグーテホフヌングス・ヒュッテ工場に留学して居った頃、あまり勤勉によく働くので、工場長から賞状をもらったことなどは有名な話であります」（田中宿老白寿記念会、一九七〇）、と。

彼が修得した新技術は、その後の製鉄所に飛躍的な発展をもたらした。ゆえにこの証明書は単なる留学終了の意味を超え、会社に奉仕しうるだけの〝技術資格〟といった価値を含んでいる。それにはまた堪能といわれたほどの語学の修得もかかわっていた。すなわち、「若かりし頃ドイツで勉強された時の話、また文語体で書かれた教科書の銑中の硫黄の害などの長文を流暢に暗誦されるのを聞いて全く恐れ入ったものである」（同）とその回顧談も語られている。

ともに派遣された職工の大半は、その難解さゆえ語学には無関心を装い、「わしは仕事の練習に来たのでドイツ語の練習に来たのではない」（第一七回）と拒否する姿勢を示したが、そうした中、最後まで熱心にやりとげたのもまた田中ひとりだったという。彼が習得した新技術とは、語学力を駆使することでドイツ人の職工たちから摂取しえたものであった。

以上のように、田中の〝語学力〟と〝技術〟は〝洋行〟という出来事と密接に関係している。それは製鉄所が当時の技術水準を超克し、ようやく始まったばかりの独自的な操業方式を安定へと導くうえで必要なワンステップであった。その意味で、田中は新たな近代技術の輸入の橋渡しという役割をはたしたといえるだろう。同様に、世界の製鉄業へと飛躍しようとしていた高度成長期においても、こうした田中熊吉の姿は格好のモデルたりえたと考えられる。

これまで述べてきたように語学や技術資格の獲得が重視され、佐木隆三が「労働力を売るだけでなく、思考力まで売らされていた」と皮肉った時代に、フットワーク・スキル・ライセンスを体現した田中像は不思議な符合を示している。同時にそれはグローバル化時代を迎え撃つ現今の企業人たちの姿にも、これまた不思議なほどハマっているといわざるをえない。

第三節　〈田中熊吉〉の終焉

●日本国民化する職工たち

以上の佐木作品では前近代的な〝祟る神〟という認識が薄れ、高度成長という時代状況に合致した形で、会社に忠誠を尽くす職工の象徴として、田中熊吉の再モデル化が図られているといえるだろう。そして会社に対する職工たちの忠誠心は、そのまま日本国家への忠誠心とも結びついていたという。ある元・平職工は次のように語ってくれた。

「あん頃、現場は増産が相次ぎよってから、おまけに合理化で知っとるもんの顔も減ってから、忙しくなったけど同時に笑いが止まらんくもあった。だってそうやろ。俺達製鉄マンが鉄を造っちゅうことがそんまま日本ちゅう国を支えとることにつながるんやけ。だけ、きつい作業にも一段と力がはいったもんちゃ。でも鉄冷えで状況が全く変わりよったけど。辞めた今も、俺は死ぬまで製鉄所の職工やと思っとるんよ」

そこには「高炉＝会社」意識を〝製鉄マン〟という呼称のもと、日本という国家のレベルにまで敷衍させている職工たちの姿がうかがえる。会社に対する忠誠心は、日本を支える〝製鉄マン〟としての矜持に依拠しつつ、第一の国家「大日本帝国」に馴化された「帝国臣民」に代わって、彼らの中に、第二の国家「日本国」に馴化された「日本国民」を生み出すにいたったといえよう。

ところでくだんの元・平職工だが、彼は製鉄所を満期退職の後、紹介されたある下請けの会社に数年前まで勤務していた。彼の妻によれば、

「うちんとこの父ちゃん、もう製鉄を辞めたんに、会社に行くんに何か変だったんちゃ。相変わらず製鉄ん時に愛用しよった作業着を必ずはおってから、その上に下請けの作業着を引っかけてさっそうと出て行くんやけ。そー、毎日がその調子だったんよ。おかしいったらないっちゃね」という。

退職後もなお製鉄所に愛着を感じ、たとえ下請けに移っても、かつて製鉄マンだった誇りを強固な自己意識として抱き続けていたことを明かすひとつのエピソードといえるだろう。だがそんな彼の態度をどこかおかし

みをもって語る妻の口調から察するに、そうした自己意識は、女性の目にはどこかちぐはぐで未練がましく過去を引きずる、ある種コミカルな姿として映っているようだ。

付言すればそうした職工像は、会社に忠誠を尽くすサラリーマン像が日本中にあふれるようになったいわゆる〝モーレツ時代〟にあって、会社側には好都合な社員像でもあった。げんにサラリーマンのイメージは当時流行の〝モーレツ社員〟のそれと重なり合いながら、映画「〝無責任〟シリーズ」などとして、当時のマスメディアにも頻繁に、賑々しく登場してくるようになっていた。

だが、たとえば植木等が「ドント節」の中で〝サラリーマンは気楽な家業ときたもんだ〟というフレーズを景気よく繰り返す時、私には、その威勢のよさとは裏腹のどこか情けなく、どこか物悲しげな、経済成長に翻弄される人々の姿が投影されているように思われてならない。会社によって管理され、雇用者の都合に合わせて〈馬鹿んな真似人間〉よろしく振る舞っているうちに、やがて自分自身からも疎外されてしまった人々が醸すペーソスとでもいうか。せいぜい虚勢を張って、そんな自分を威勢よく一気に笑い飛ばすしか行き場がなかったのであろう。

映画や流行歌などが放つそうしたムードは、そのまま当時の日本を覆った社会的ムードの縮図といえよう。ともあれ、この時代の田中像はまさに、高度成長期での生き残りを画策する会社にとっては好都合なモデルであった。しかしながら既述のように、その隻眼は語られない。それどころか命懸けの高炉作業が否定されていた現状から考えると、〝片目を潰してまでの奉仕〟はもはや必要とされていなかったことが理解される。つまり会社は職工の献身を必要としてはいても、合理化の過程で断行されていた「安全」管理との兼ね合いから死を賭しての献身まではすでに要求しなかったのである。いいかえれば、生産性向上のための高度技術を運用するうえでの技能修得は求められたものの、労働災害を起こすまでの忠信はもはや禁物とされていたと考えられる。おそらくは、そのことが片目のイメージが減じられた要因と考えられるだろう。

では、このように数度にわたって物語られてきた田中熊吉本人は、そのように創られた自己のイメージをいかに受け止めていたのだろうか。

●折り合わない自己イメージ

実在する戦後入社のある職工の語りから、これまで見てきた語られた理想的職工としての田中熊吉像と、職工自身の現実認識とのズレを提示し、田中をめぐる彼らのリアリティを浮き彫りにしてみたい。

前出の元・平職工は田中に関し、〝片目〟と〝田中の容貌〟の二点を語った。

まず、「片目のことは知らんかった。知ったんは『くろがね』の連載でやった」といい、戦中に喧伝された田中像とのズレがうかがえる。昭和三〇年代後半の『くろがね』でふたたび田中の来し方が紹介されたのは、そうした戦後入社組における隻眼へのリアリティの稀薄さを矯正する意味で、新たに上からの伝承が創られた可能性を示唆するものではないだろうか。

またこの人物は田中の風貌について、「確かに明治の時代の人にしちゃあ大きいんかもしれんけど、たまたま自分が見た宿老は実際の体は小さく見えたし、饒舌で人懐こい老人やった」と語る。ここには矮小化、俗化された田中像こそが、彼自身の目にしたリアリティとして語られるのである。

その一方で彼は、「先輩（現在七九歳）からの話じゃ、映画「熱風」のモデルが田中っち聞いた」とも証言する。この断定的な言い方には、〝田中＝「熱風」のモデル〟とする語り伝えがとうに既成事実化されていた様子がうかがえる。それはすなわち、お国のためならば命懸けで高炉と戦い命を落とす、という戦中期のイメージにほかならない。

ところが実際の勤務状況については、「いつもは職員専用の部屋ん中におってからほとんど現場に姿見せるっちゅうことがなかった」といい、そこでは死ぬまで現場で格闘する職工精神を貫いたとされる田中の激しい生き方は、もはやうかがい知ることができないのである。

つまり田中の像は彼の中で、彼自身が感ずるリアリティと、語られた〝溶鉱炉の神様〟の崇高なイメージとの間で、完全に引き裂かれているのである。

そして当の田中自身も、こうした理想と現実の乖離から自由ではなかったことを裏書きするかのように、インタビュアーである佐木隆三と次のようなやり取りを展開している。


「鉄をつくる田中熊吉も、しょせん生身の人間である。『鉄人』にはなれない。しかし、鉄人にはなれなかったが熔鉱炉の神様になれたじゃありませんか。と言ったら『…』宿老はなにも答えようとせず、寂しそうに視線を落した。やはり鉄人になれたほうが本望なのだろうか」（第二一回）。


「鉄人になりたかった」という田中に対して、佐木が「でも神様になれたではないか」と水を向けると、彼は沈黙してしまう。語られた自己像と折り合うことのできなかった自己のリアリティが、無言という所作によって図らずもその苦渋をより強く引き出している。それは田中自身にとっても、上から創出された虚構の物語りだったことを示している。

その後、右に表現されたような田中の心情は、同じく佐木が台本を担当したNHK連続ラジオドラマ（昭和四一年より放送）にも表現されている。この物語における彼はもはや「神様」でも「戦士」でも「鉄人」でもなく、ただの「好々爺」である。製鉄所に出勤はするが現場作業に従事することなく、若い職工たちとともに、所内で巻き起こるさまざまな問題をおどけて処理する、まるで狂言回しのような役割を演じさせられている。そこに描かれた姿もまた、これまで述べてきたように時代性とシンクロした、すなわち会社側の意図にかなった田中像を想起させる。

第三話『太郎爺の退職』（昭和四一年八月一六日放送）は、生涯製鉄所の原料ケーブルの見張り所に勤務していた老職工の定年退職を軸とした物語である。彼は終身雇用の田中を平素から羨む気持を抱いているが、当の田中はというと、その口調こそ威勢がよいが、どこか寂しげに次のように語るのだ。

「私が製鉄の男でなくなるときは、私が息をひきとるときタイ。そのとき、まとめて餞別と香典をごっそりもらいましょう。…（中略）…どこかの国の修身《ママ》大統領並みだ。私も終身社員というわけで、生命のある限り、こうして溶鉱炉と共にすごすことが出来るのです」（佐木、一九六六）

現実の田中は、出勤はしていても、たとえ高炉を巡回することは許されていても、自身の手でこれを操業することまではかなわなかった。それは前にも書いたように「能率」や「安全」を第一とする時代状況や、日進月歩で変化をとげていく設備環境など、彼本来の精神論、技術・技能論ではすでに処しきれない点が多く、それどころか作業の妨げにしかならなかったためであろう。そのためか生前の田中に取材した佐木の筆にかかるならば、たとえフィクションとはいえ、作中に描かれる田中の言葉にはどこか自嘲めいた、悲愁の響きすらある。「生命のある限り、こうして溶鉱炉と共にすごすことが出来る」のは、いまや誉れではなく、彼自身が〝人身御供〟として溶鉱炉に磔にされていることにほかならない。皮肉なことに、晩年の田中が経験したまるで真綿で首を絞められるような処遇は、会社の終身雇用制という檻の中で、自分の仕事への誇りや尊厳という牙を抜かれた〈馬鹿ん真似人間〉、つまり高度成長期以降の職工たちのネガティブな側面を見事に投影させているといえる。

そして高度成長の終焉期、鉄冷えの到来とともに、〈田中熊吉〉は封印されていくことになる。

●封印された〈田中熊吉〉

これまで二つの章にまたがって、宿老・田中熊吉をめぐる語りの中でも特に〃熔鉱炉の神様〃という尊称の含意について、時代状況の展開に照らし合わせながら言及してきた。この前近代的な思考を帯びた伝承は戦後も引き続き、職工たちを担い手として語り伝えられたが、そこでは国家体制の進行過程と不可分の関係にあるそれぞれの時代相に対応し、雇用者によって「職工」の作り替えが行なわれてきた点が、実に興味深く感じられる。

こうして近代工場の職工たちは、戦中には〃産業戦士〃、戦後は〃高炉の名医〃であるべく要求されたが、いずれの場合も国家の産業化への邁進の礎となる職工の理想像が、田中をモデルとして物語られたのである。一方は富国強兵という国家目的遂行のうえで要求される愛国心をもった「帝国臣民」の文脈から、他方は高度成長下での愛社精神、ひいては日本の経済大国化を期する愛国心あふれる「日本国民」の文脈から、それぞれの時代に相応した田中像が創出されたのであった。それゆえ同じ人物を扱ったものでも、その文脈によって、田中にまつわる逸話の比重のおかれ方、語られ方が微妙にスライドされていることが明らかになった。

そして新世紀に入った現在、田中熊吉をめぐる物語はどのように展開しているのだろうか。

二〇〇一年一一月、一九〇一年の官営八幡製鉄所の操業から数えると、製鉄所は百周年を迎えたことになる。北九州市では同月四日(日曜日)をフィナーレとして(4)、七月より約四ヵ月間にわたる北九州博覧祭を開催し、会場を八幡の一号高炉を中心とした東田エリアに設定した。昭和三六(一九六一)年に解体されて新型高炉として生まれ変わった後、鉄冷えの昭和四七(一九七二)年まで操業されたこの高炉は、起業祭が〝市民の祭り〟へと宗旨替えした昭和六〇(一九八五)年以来、〈一九〇一〉というプレートを掲げながらも久しく野ざらしにされてきた。だが補修工事が施された平成九(一九九七)年以降、「産業遺産」「産業文化財」として永久保存されることになった。博覧祭ではこのいわゆる「東田第一高炉」のたもとにパビリオンがおかれ、ボランティアの元製鉄マンたちが説明役として配されていた。パビリオン内部には製鉄所の歩みを記した説明板が掲げられ、むろん田中熊吉もそこにしっかりとその名を刻んでいる。

《高炉と共に生きた田中熊吉》

「製鉄所の発展を支えたのは、働く人々の情熱と努力。中でも田中熊吉は、まさにその一生を高炉にささげたひとりです。作業中の事故による左目失明を乗り越え、ドイツ留学で学んだ製鉄技術を生かして、生産量向上に貢献しました。大正九年(一九二〇)、一生製鉄所で働いてもよいという「宿老」の地位を与えられた熊吉。彼が九九歳でこの世を去った昭和四七年(一九七二)、東田地区のすべての高炉の灯が消えました。」

田中の洋行体験と勤勉さに加え、たしかに彼が片目であった点についても言及される。しかしながら隻眼であることをことさら尊崇するような文脈はそこになく、ただ「作業中の事故による」とだけで片付けられてしまっている。つまり隻眼に対する脱神話化である。

さらに興味を引かれるのは、田中の死が、「高炉の灯」に擬される製鉄業の衰退と結びつけられた語りであろう。偶然にも彼の死がこれと重なってしまったのか、あるいは彼の死を待って最後の高炉の灯が消されたのか、当然つまびらかにはされないわけだが、そこにこそ田中熊吉の神話化は完遂されるのである（資料1）。

ところで右に書いた逆行する二つの語りのベクトルは、一体、〈田中熊吉〉のいかなる現在を暗示しているのであろうか。結論すれば、一世紀を生き抜き、溶鉱炉に礫にされた田中は、説明板の文字の中に、二〇世紀の遺物（産業遺産、産業文化財）の中に、まさしく製鉄所の消長とともに封印されたのではなかったか。二〇世紀を通じて田中熊吉という名の職工は時代を超えることができた。が、世紀を超えることはできなかったのである。

第五章　時代を超えた祟り伝承

―職工地帯をさまようお小夜狭吾七―

製鉄所の繁栄を土台から支えたのは無数の職工たちだった。彼らはいくつかの官舎地帯を中心に八幡各地に分住していた。その主要な拠点となった前田地区（現・北九州市八幡東区）は、特に製鉄所と密接な関連性をもちながら発展してきた地域である。

一方、当地には〝お小夜狭吾七伝承〟という、近世に発祥したとされる怨霊の祟り伝承が現在も息づいている（図15参照）。田中熊吉という職工像が時代を超えたように、職工たちの間で語り継がれたこの伝承もまた時代を超えたものであった。

そして伝承の担い手という点からすると、当地は職工地帯と別称されるほど、とりわけ製鉄所とはその運命を固く結ばれてきた地域であった。それゆえ在来住民はいうに及ばず、新参の職工たちまでが、伝承の新たな担い手として接ぎ木される局面が立ち現われたのである。こうしたよそ者たちの登場がかえって在来伝承に対し、その連続性を保証していくことになったようだ（1）。

このような点を念頭におき、本章では前田地区の歴史的展開を製鉄所の建造から発展へといたる歴史的過程にすり合わせながら、そういった経緯がお小夜狭吾七伝承のあり方に与えた影響について明らかにしたい。

第一節　伝承のあらましとその舞台

●二つのテーマ―祟り性と悲恋性―

〝お小夜狭吾七伝承〟は天明五（一七八五）年⑵に実際起こった事件をモティーフとした伝説で、八幡近辺では割によく知られた話である。

以下に抄出するあらましは、すでに明治の初め頃、古老の語りによって成立していたと伝えられる。現在、前田住民の間では主人公の名称の違い（本名は澤七というが、実際の語りの中では佐吾七、狭吾七、ないしは狭男七と呼ばれている。なお、本章では主に地元の人々が一般に用いる狭吾七の名称を使用する）が見られる程度で、内容的には全く同じ話が伝わっている。

豊前下毛郡跡田村の百姓で、三役を勤めていた狭吾七（本名、澤七）は、天明の飢饉の時、領主の年貢加重に反発したかどで国元を追われ、一時は旅芸人の一座（大分県中津）に身を置いていた。やがて前田村に流れ来て、樵をしながら生計をたてていた。ちょうどその頃、黒崎（現・八幡西区）の観音堂に籠っていた巡礼の娘お小夜と出会い、二人は恋に落ちる。だが美しいお小夜との恋を羨んだ村の青年たちは狭吾七を海岸におびき出し、牛曳きにしたあげく焼き殺してしまう。彼の死を知り郷里から駆けつけた母親は、息子の亡骸に取りすがり「恨みを晴らせ」と嘆き悲しんだ。一方、お小夜は、その惨い仕打ちを恨みながら行方知れずとなる⑶。また一説には、井戸に身を投げて自害したともされる。

写真5　牛守神社

以来、前田村では牛の疫病が流行し、人々はこれを狭吾七の祟りと恐れて村外れの山に祠を建て、〃牛守様〃として祀った。しかし怪異は収まらず、村ではさらに不作が続き、怪火も相次いだため、ついに狭吾七惨殺の首謀者となった若者は発狂してしまう。そこで弘化元（一八四四）年に黒崎の浄蓮寺の僧侶に施餓鬼会を行なってもらったところ、異変は六〇年にしてようやく鎮まったという。

祠は現在、仲宿八幡宮境内に牛守神社（写真5）として祀られている。

以上の内容からは、〃男女の悲恋〃と〃非業の死を遂げた男のなす祟り〃という二つのテーマがうかがえるが、私が前田住民に聞き取り調査を行なったところでは、人々はこれを悲恋話としてよりは、むしろ祟り話として理解しているようだった。

ところで右に記したあらすじは、もともと明治一〇（一八七七）年生まれの老人が五～一〇歳の子供の時分、当時八〇歳だった祖父から聞かされたもので（八幡市史編纂委員会、一九五九）、これが現在にまで伝えられてきたと考えられる。話者がこの話を聞いた明治一五～二〇（一八八二～八七）年の時点で八〇歳という祖父の年齢から推して、語り手である祖父自身が、いまだ祟りが継続していた時期に、すでにここに述べたようなかたちでの伝承世界そのものを生きていたことになる。そうした中、お小夜との恋愛話が付加された時期と理由につ

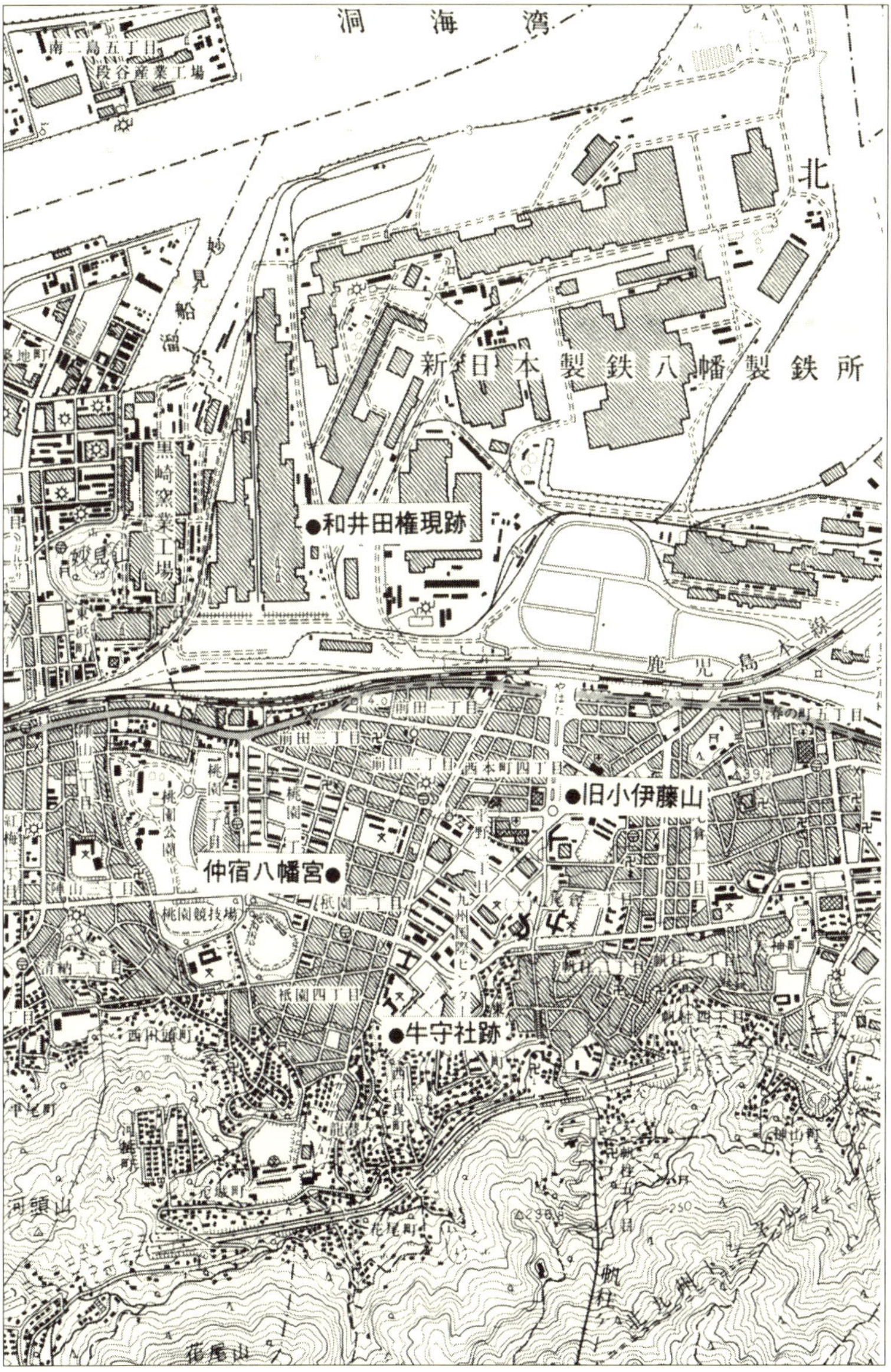

図 15　前田とその周辺（縮尺 1/25000）

いては不明だが、ともかく現在の古老の多くは、物語の中核はあくまでも狭吾七の祟りにあると説明する。その根拠として彼らがあげるのが『波多野家文書』である（資料2参照）。

そこにはお小夜に関する記載は見られず、澤七（狭吾七の本名）のこうむった悲劇とその後の祟りの経過だけが克明に描かれている。弘化元年に牛守社が祀られ怨霊の祟りがようやく鎮まったという点は同じだが、それは八幡宮の祈祷の結果であると記されている。ただし、ここでは澤七の祟りが、村にもともと祀られていた三十二ヶ所の古塚(4)の祟りと重ね合わせて解釈され、八幡宮の祈祷もそうした脈絡に沿って執行されたものであった。そして以後、毎年祟り鎮めのための祭りが行なわれるにいたったと述べられる。

つまり『波多野家文書』では、お小夜という女性の存在はおろか、ましてや男女の悲恋などといった要素は、つゆほども触れられていないのだ。むしろ後で述べるように、悲恋話の要因が〝お小夜狭吾七伝承〟のもうひとつのテーマとして取り上げられるようになるのは、製鉄所が大きな転換期を迎えた昭和初年度以降のことなのである。

加えて従来の伝承によれば、祟りはいったん終息し、その後は八幡宮での定期的な祟り鎮めによって平穏無事な状態がずっと保たれるはずであった。だが現実は再度、製鉄所の出現という近代的な脈絡の下で、伝承は労働災害をめぐる解釈の枠組として新たに語り直され、そこに内包される祟りも再発していった。さらに職工地帯となった前田地区では、火災の頻発というかたちで表面化していった。そして、このような災因は主として製鉄所との関係から説かれていくことになるのである。

そこで、まずは製鉄所の進出という出来事が、前田地区に与えた影響について確認しておきたい。

●製鉄所の発展と前田地区の変貌

前田はもともと長崎街道に沿った西隣の黒崎（現・八幡西区）の枝村で、天保期の記録によれば当時の人口はわずか三八六名にすぎない。明治期以降もとりたてて目立った変化はなかったが、東隣の八幡に官営製鉄所が設立されて拡張工事が相次ぐようになると、それに比例するように当地の人口も激増していく。それは前田地区に製鉄所の職工官舎が設立されたことと深い関係があった。

製鉄所開業から一〇年後の明治四四（一九一一）年には、他地域から流入してきた職工たちはすでに前田の人口の大半を占めるようになっていたという。そのわずか五年後の大正四（一九一五）年には、ついに一一六パーセントの人口増加率を記録するほどとなった。当地に職工官舎が設立されたのは、八幡にはその山がちな地形ゆえに開業当初より人家が少なく、これでは大量雇用した職工を収容できるような官舎地帯の新規造成など、到底望むべくもなかったからである。そこで製鉄所は近隣地域の用地買収を矢継ぎ早に進めながら、次々と官舎を急ピッチで建造していった。

その結果、前田地区には八幡との境界区分がつかないほどに官舎が密集し、事実上、八幡町の一部を占めるようになったのである。そこで八幡町への編入が詮議され、翌年には実現の運びとなる。以後、前田の市街地形成が本格的に始まり、大正末期にはその輪郭がほぼ出来上がった。だがこの過程で、前出の三十二カ所の古塚や狭吾七を祀った牛守神社は広大な官舎区域に組み入れられてしまう。こうしていつしか古塚もその大半が失われ、牛守神社の方は大正七（一九一八）年に八幡宮へ移転されることとなった。

一方、そうした製鉄所の拡張計画と連動しながら、大正四（一九一五）年には地元資本による民間経営の㈱九州製鋼も設立されている。そのための大規模な造成工事は、伝承と深い結びつきをもっていた前田の浜辺を一変させることとなる。それまでの遠浅の風向明媚な海岸は、工場地帯へと急激な変貌をとげたのであった。

しかし奇妙なことに、伝承にまつわる和井田の一部の海岸だけは公地として残されたという。そこにはかつて狭吾七を縛りつけたとされる松や、お小夜が自害したという井戸があったと語り伝えられている。この一角が手付かずのままにおかれたのは、祟りを恐れてのことであろうと思われる。

ところが九州製鋼は第一次世界大戦後の経済不況の余波をまともに受け、結局、開業にまでいたりえなかった。そこで昭和三（一九二八）年、工場が八幡製鉄所へと経営移管されることになる。このことは前田を名実ともに職住一体の製鉄所の町として成立させる契機となり、以後、製鉄所とその命運をともにすることとなる。また、そういった経緯をたどる中で、この地区では在来の住民からも職工へと転業していく者が多く出現したという。

続く第二次世界大戦下では、八幡製鉄所は軍需工場としての役割を期待され、それがために終戦間近の昭和二〇年八月八日、製鉄所を中心とした一帯は未曾有の大空襲で壊滅的な打撃をこうむった。にもかかわらず、製鉄所は戦後まもなく復興され、それにともない前田地区でも鉄筋の社宅が続々と新設された。こうして人口も一万人以上に増加し、往時の活況が取り戻されていったのである。そこはまるで社宅の町さながらの壮観を呈していたという（口絵写真参照）。

やがてオイルショックを機に鉄鋼業が斜陽を迎えると、まるでそれと歩調を合わせるかのように、前田の人口も下降線を描き始め、街は急激に精彩を失うようになっていった。ちなみに平成一〇年当時の人口が六〇九五名であることを考えると、実に四割の人々が当地を離れていったことがわかるだろう。

このように前田は職工地帯という性格のゆえに、皮肉なまでに製鉄所とその運命をともにせざるをえなかったのである。

要するに、前田地区の歴史的発展は製鉄所とともに始まり、製鉄所の動向が当地の命運そのものを左右する

	【製鉄所の状況】	【前田地域の動向】
明治34年	製鉄所設立	職工官舎設立（平野に、長屋形式）
35年	製鉄所休業	
37年	製鉄所再開（日露戦争を背景）	
39年	第一期拡張計画	
44年	第二斯拡張計画	人口、5,049名の内、「職工」が8割近くを占める。6割が製鉄所設立後の移住者
45年		製鉄所独身寮建設（300名収容）
大正4年		人口（5,810名：職工官舎200戸以上（八幡町との境界不明瞭に） 九州製鋼設立（地元資本）
5年	第三期拡張計画（製鉄所の西漸）	八幡町への編入
7年		牛守神社の遷座（仲宿八幡宮への合祀）
8年	↓	商店街の形成→　市街地化進展（大正8～末年）
10年	官舎の地域的拡大（大正8年以降）	→　平野官舎設立（数千名収容）（大正10年） 市場設置（大正10～昭和2年） また、お小夜狭吾七にまつわる海岸周辺の埋めたて開始（←製鉄所用地拡張による土地買収への住民の反発）
11年	本事務所完成	
昭和初年	八幡製鉄の東西方向への伸長開始 （八幡中央部官舎が飽和状態となったため）	前田、大火に見舞われる
3年	（株）九州製鋼の経営移管 →　和井田権現創建（「職工」を祀り手として）	
5年	昭和恐慌	
9年	東洋製鉄吸収（製鉄合同） →　日本製鉄発足	→　第四製鋼の成立・前田の大火（大成館消失）
10年	これ以後、熟練職工の応召による労働災害が続出（多数の病死者）	
12年	労働災害による最大の被害 死者（66）・負傷者（17，750） →　従業員の半数が罹災	
20年	八幡大空襲（死傷者2，500名）	壊滅的打撃（死者多数）
24年	製鉄所復興 社宅建設	→　商業者の西部方面流出 →　桃園社宅建設（以後、新規移住者による商店増加）以降、南部方面が発展
26年	朝鮮特需による増産開始 →　第一次合理化計画	
28年	大水害	
31年	第二次合理化計画	和井田権現の遷座（牛守神社への合祀） 繁栄期（平野から桃園まで鉄筋社宅が立ち並ぶほど）
45年	新日鉄発足	
47年	一号高炉操業停止	
53年	八幡全高炉操業停止	

表5　製鉄所の動向と前田

ほどに、つながりが密であったということだ（表5）。そこで次に、製鉄所と当地との関係性がお小夜狭吾七伝承の中でどのように投影されているかを考えてみることにしたい。

●職工・製鉄所・地元住民

製鉄所の中でお小夜狭吾七伝承はいかに語られていたのだろうか。実際、九州製鋼から移管された敷地はいわく因縁つきの場所であり、製鉄所の溶鉱炉や線路が敷設された範域は狭吾七が殺害された海岸を含み込んでいた。合わせて、後述するように、そこは官営ゆえに一般人の立ち入りが禁じられていた。したがって伝承の媒体という役割もまた、完全に職工たちの口の端へと移管されたしだいである。このようなわけで、お小夜狭吾七の祟りは構内での事故に結びつけて語られたようである。つまり近世的な御霊の祟りがそのまま近代における高炉事故の原因として解釈され、またそうした因果論的な解釈の方法自体が伝承されていたのである。

そんな職工たちの伝承世界は、第三章で取り上げた岩下俊作の小説『熱風』（昭和一八年）の中で、生き生きと再現されている。そこでは天明四（一七八四）年に起こった事件をめぐる伝承として描かれており、意図的か偶発的かは不明だが、実際の事件より一年早い設定となっている。作中で職工たちがささやき合うお小夜狭吾七伝承は、よそ者の左吾七と村娘お小夜の心中事件が製鉄所での祟りを引き起こすというもので、その内容は、以下の傍点部分に見るように、従来の伝承と若干異なるところがある。

いわく、よそ者である佐吾七は村の娘をかどわかしたとの理由から、村の青年たちによって石子詰めの刑に処せられる。そして彼の死を知ったお小夜は首吊り自殺を遂げる。その後、佐吾七殺害の首謀者は発狂してしまうが、村では旱魃が続くなどの怪異が続出する。そこでお小夜の亡骸を佐吾七の殺害された丘に移し、祠を建てて供養をしたというのである。そして〝お小夜佐吾七夫婦塚〟もしくは〝お小夜佐吾七心中塚〟と俗称される佐吾七殺害の現場こそが、まさしく近代になって溶鉱炉が築かれたこの場所なのであった。それゆえここで高炉事故が多発するのは、お小夜と佐吾七の祟りによるのである。そこが〝魔の第四高炉〟と呼ばれ、四、すなわち死を意味する高炉となったのはそのためである、と。

第三章では、こうした前近代的な災因論への恐れが、田中熊吉による近代合理主義的な科学原理でもって超克された経緯を述べた。ここではこの伝承の骨格を分析することで、近代における職工、製鉄所、地元住民という三者の関係のあり方を類推してみたい。先に見たように、お小夜狭吾七伝承を構成する主要な登場人物は狭吾七・お小夜・青年たちであり、この三者の関係から物語は展開されていく。なお断っておきたいのは、『熱風』で語られるお小夜狭吾七伝承はあくまでもフィクションの中でのそれである、という点だ。したがって、以下の分析は、冒頭に提示した初出（明治一〇年）の話者による伝承テキストをもとにしている。

狭吾七は故郷を失った流れ者でありながら、同時にお小夜の恋人として村人に妬まれる存在である。一方、お小夜は両親を亡くした巡礼者であり、隣村との境界に位置する観音堂に籠る美貌の女性である。そして青年たちといえば、村内にいるお小夜をよそ者に奪われてしまう情けない存在として描かれる。

これら三者の関係を見ると、まず外部者・内部者という対抗的な関係に置かれたのは狭吾七と青年たちであり、彼らはお小夜をめぐって対立する二者として語られる。

両者に対し、お小夜はすぐれて両義的なキャラクターをもつ。第一に、両親がいなく、よるべなき巡礼者の彼女は社会的逸脱者であった。第二に、彼女が籠っていた観音堂は前田と黒崎の村境にあったという。同時にそこは人間界と超自然界との境界領域でもある。第三に、このような場所に籠る彼女自身、かろうじて村の域内で暮らしているにもかかわらず、よそ者の狭吾七にはその愛を与えながらも、村人である青年たちには与え

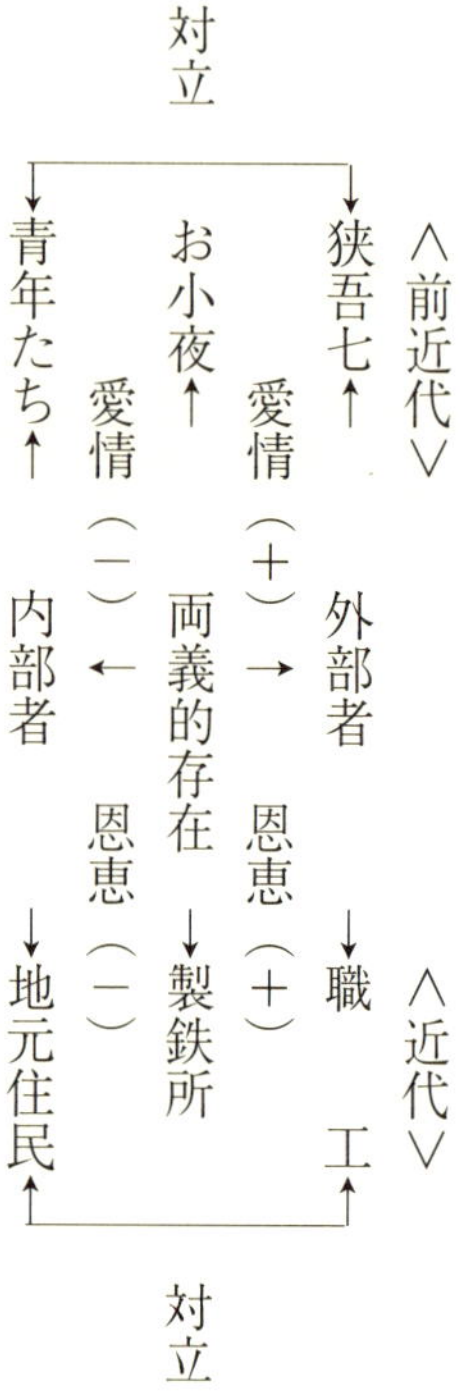

図16
三者の関係モデル

ることがなかった。つまりお小夜が村の青年の誰とも恋仲にならなかったのは、彼女が村の内部にいながらも、村人たちにとっては制御不可能な外部的存在であったことを象徴的に示しているのではないだろうか。

一方、近代における職工・製鉄所・地元住民という三者関係に目を転じてみよう。

まず基本的によそ者から成る職工たちは、第二章で見てきたように官営ゆえに高給取りであり、さまざまな特典にあずかっていた。これは意外に知られていない事実だが、彼らはそのため、実は地元住民たちから羨望や嫉妬を受ける存在であった。それに対して地元住民は、本来は自分たちの領域内に所在する製鉄所を、よそ者である職工に奪われる存在でもあった。

一方、製鉄所は、地元住民たちの父祖伝来の土地を敷地としているにもかかわらず、よそ者の職工には高給や各種の特典などの恩恵をもたらすのに引き比べ、地元住民たちに対しては、構内への立ち入りはおろか、職工に施される福利の分け前にあずかることすら許さなかった。

すなわち「狭吾七＝職工、お小夜＝製鉄所、青年たち＝地元住民」という三者の関係性は、偶然のなせるわざなのか、それぞれに対応した構図となっているのである（図16参照）。いずれにしても、そこでは前近代的な伝承の構造が、そのまま近代における職工・製鉄所・地元住民の関係性へとスライドされるようなかたちで、伝承された可能性が考えられるのではないだろうか。

第二節　物語る職工たち（一）―お小夜狭吾七の祟り―

本節では職工たちの口の端に、労災を解釈する災因論としてお小夜狭吾七伝承が上ってきた経緯について、時代を追い、かつ製鉄所と前田地区との間を空間的に行き来しつつ、見ていきたい。

●構内にて―「高炉の夏痩せ」―

さて、残されたお小夜は、村を去って行方知れずになったとも、または後日、狭吾七の後を追って自害したともいわれている。いずれにせよ、お小夜は狭吾七に愛を与えたものの、その場で彼に殉じたわけではなかった。むしろ愛に殉じたのは狭吾七の側である。つまるところ彼女は、その狭吾七なき後、意志的に生きたか、あるいは改めて死を選んだのである。その伝からいえば、お小夜という女性はよそ者の狭吾七、地元青年たちのどちらにも制御されえない存在であった。

こうしたお小夜の属性を製鉄所に置き換えてみることにしよう。

合理的な近代科学によって心臓部である溶鉱炉の原理が明らかにされる以前、製鉄所は職工たちにも制御しきれない存在であった。これまで本書の随所で言及してきたように、溶鉱炉が制御不可能な「神」のような存在として認識されていたのは、おそらくそのためなのである。そこで起こる事故はなにやら得体の知れない〝神の祟り〟と受け止められ、職工たちには、伝承に即してそうした現象を解釈し、ただひたすら「溶鉱炉の神」の慰撫を祈念するしか手がなかった。そしてかつて狭吾七がお小夜への愛に殉じたように、彼らもまた溶鉱炉に多くの犠牲を送り続けざるをえなかったのである。

かくして高炉の事故を〝怨霊〟の仕業と解釈し、犠牲者たちを祟り鎮めのための供犠と捉える発想が生み出されることになった。だが、このような解釈枠組からは到底、怨霊の統御という発想は出てこない。そこには従来にない解釈枠組が必要とされた。それがすなわち、科学的枠組の導入なのであった。

前出の『熱風』では事故原因として「非科学的な迷信と、理由のない恐怖心」があげられ、そうした盲目的な伝承の信奉こそが職工の不安の根源であり、これを打破することが肝要と説かれている。すなわち一人の開明的な職工の姿を通し、西欧的な科学的知識に依拠した合理的な対処が描かれる。もはやいうまでもないことだが、そのモデルを提供した人物こそ、これまで繰り返し述べてきた田中熊吉なのであった。

そこで具体的に示された合理的対処法とは、溶鉱炉にダイナマイトをぶちこみ、その爆風の衝撃によって棚(高炉内にこびりついた溶銑)を落とすというかつてドイツで行われた方法である。かくして「魔の第四高炉」は職工たちによって征服され、職工たちの手で制御可能な存在へと生まれ変わる。ここには前近代的な伝承に対する近代的な科学の対決姿勢と、そうした過程における職工たちの高炉に対する認識の変化が描出される。

このようにして職工たちは、高炉事故の要因を〝怨霊〟から切り離すことに成功する。しかしながら、溶鉱炉それ自体に投影された神聖観までは排除しようとはしなかったようである。ために怨霊への恐怖感はなおも彼らの意識の底に沈澱し、その残滓が今度は彼らの日常生活の場である地域を舞台に、労働災害ではない、それ以外の災厄を説明する伝承として接ぎ木されていくことになるのである。

●前田地区にて――「怨の焔」――

冒頭で述べたように、お小夜狭吾七伝承の語りは明治期以降も祟りが主要テーマであり続け、ゆえに古塚祭りや牛守神社への参拝も欠かすことなく続けられた。その甲斐あってか、祟りは束の間、収束していたのだった。ところが明治期後半に入ると、まるで前田の急激な変貌と軌を一にしたように、災厄はにわかに再発するようになったという。それは従来の伝承に即したように、火災として頻発した。

おそらくは製鉄所の官舎建造や地元資本による工場建設のために、三十二ヶ所の古塚や牛守神社など、伝承にまつわる場所が相次いで用地買収されたことに起因するのであろう……、地元の古老たちの間ではこのように伝えられてきた。事実、大正七（一九一八）年に牛守神社は八幡宮に遷されており、古塚もいつしか大半が所在不明となってしまった。

写真6　狭吾七の墓
（上はお小夜澤七地蔵尊）

加えて、祟りが発生するのは、狭吾七の墓（写真6）に対する扱いもその一因をなすと考えられた。亡骸は前田村の共同墓地の片隅にある畑の中に葬られたというが、それは墓石も墓碑もない一尺四、五寸の石を置いただけの粗末なもので、あたかも無縁墓地の観を呈していたらしい（八幡市史編纂委員会編、一九五九）。そのため大正年間には下肥などが地下に染み込み墓石が薄汚れるといった事態が生じ、祟りを恐れた人々はこれを現在地の前田観音堂（お小夜が参籠していた場所）に移したのだという。

当時、巷間に伝わっていたお小夜狭吾七伝承の詳細は、「怨の焔 お小夜狭男七物語」と題して大正一一（一九二二）年の『九州日報』に掲載されている。それは以下に示すごとく、あらかた六つの場面より構成される。

①文化文政頃、疫病で死んだ前田の叔父の家を継ぐために小倉から移住してきた母子
②お小夜（百姓の娘）との恋愛
③組頭の倅の横恋慕
④組頭の倅により殺害（八月の八幡宮の月見の宴にて乱暴の末、前田海岸にて焼殺）
⑤祟り：一七日目の夜半、組頭の家から怪火。そして、炎の中に浮かび上がる狭男七の姿。その後、周期的に発生する怪火、すなわち「必ず判で押した如く怪しい火事」は遠縁の家にまで及ぶ。
⑥供養：英彦山の山伏の祈祷、僧侶の読経でも止まぬ祟りは、〝お小夜狭男七の塚〟建立により、ようやく終息。以後、八月仲秋の夜に、祟り除けの祭礼が継続。

なお結びの部分では、組頭の一族の血統の終焉についても触れられている。すなわち、「彼の暴虐な組頭の血筋を引いた分家の一つがずつと続いて前田に住し、自分の家だけは焼けないぞと誇ってゐたが去る七月中自分の家から火を発し焼けた」、と。

以上のディテールを、明治初期の古老が語ったとされる本章冒頭のお小夜狭吾七伝承と比較すると、お小夜

が村娘となっていること、澤七が小倉からの移住者とされ、その名を狭男七と記されていること、また澤七殺害の時期が八月とされ、以後、祟り除けの祭礼が執行されるようになったとのいわれが付されていることなど、微妙な相違点が目につく。

しかし全体のあらすじとしては、ほとんど変わったところを見出せない。話の基本構成自体が先に指摘した二つのテーマ、つまり悲恋と祟りを軸に構成されているのである。

さらにここでも登場する「祟り＝火災の続出」という解釈は、先行する伝承との連続性において語られていたようである。たとえばその例証として、我々は、同じ大正一一（一九二二）年の『大阪朝日新聞』（九月二三日付）の記事より、前田で発生した火災事件が「百年前の祟り―盛大に追弔式を行なつた―」とのタイトルで報じられているのを発見する。そこには火の手の絶えない前田の様子（ひどい時には一夜で二〇軒もの被害が出たこともあった）が描写され、しかもこの惨状が「美少年の祟り」によるものとして恐れられていたことが記される。狭吾七が美少年であったかどうかはともかく、二一、二二の両日、焼け跡で浄蓮寺による「大追弔大施餓鬼」が営まれたという。

ちなみに昭和二四（一九四九）年の『八幡市勢要覧』にも、明治から昭和初年度にかけて当地が数度の大火災に見舞われた事実が記されている。このような前田の歴史的経緯の中で、「祟り＝火災の続出」という当地の災因論は右に記した新聞報道に見るごとく、すでにこの大正後期あたりから、お小夜狭吾七伝承を解釈枠組としていたことがうかがえる。

他方、その主たる語り手となったのは、直接に火災の被害を受けていた在来の住民であったと考えられる。それというのも狭吾七が殺害された和井田の海岸には当時、地元資本による民間経営の九州製鋼が工場をもっていたため、住民たちには毎年三月に内部に立ち入り、〝塚祭り〟と称した祭礼の執行が許されていたのである（上野、一九三六）。つまりこの段階では、いまだ祭りを介しての伝承の再確認が可能であったのだ。

ところが工場整備の進展にともない、やがて大正末あたりともなると、もはや外部から和井田を訪れる者も途切れがちになったという。工場建設のために民家が立ち退いた跡はすっかり荒れはて、海岸に向かう道も潅木の藪や身の丈の数倍ほどもある生い茂った茅原で覆われた。そのため、初めてここを通る人はたいてい道に迷ったらしい。それでも雑木を押し分けて海岸に出ると、あたりには塚のようなものがいくつかあり、崩落した墓石や石像なども所々に転がっていたという。そこには狭吾七が縛りつけられて殺されたという松の木があり、それより少し上の方にお小夜が飛び込んだという井戸も残されていた。

実はその頃から、右のように薄気味悪く廃墟然とした和井田を舞台に、いくつかの怪談めいた噂話が人々の口端に上り始めたという。それらはやがてお小夜狭吾七と結びつけられて、またもや祟り話として再燃していくのである。そうした話のいくつかを、岩下俊作はガリ版刷りの冊子『伝説　お小夜狭吾七』に書き残している（北九州市立中央図書館所蔵、岩下俊作氏寄贈資料：資料3参照）。

●無人工場の守衛たちと怪談・お小夜狭吾七

九州製鋼は工場の建造にあたり多数の守衛を採用していたが、ほどなくして事業中止となり、若干の職員と十数名の守衛のみが設備監視のため残されることとなった。その中に石橋某という者がいた。以下は、彼の語った話である。

ある時、事務所の宿直室に幽霊が出るという噂がたった。宿直室は木造平屋の一隅にあり、守衛たちは夜そこで交代で仮眠をとっていた。噂では、その時、何者かに襲われるというのであった。

かつて軍隊で鬼軍曹との異名をとり、剛勇で鳴らしたひとりの守衛がいた。ある夜、交代時間になって起きてきた彼を見ると、表情はうつろ、真っ青な顔をしてガタガタ震えながら、しきりに「何者かに押えられて身動きも出来なかった」とつぶやくように話すのである。石橋はその話を聞いているうちに、自分にまで彼の震えが伝わってきてゾーッとした心地がしたが、よくよく気を落ち着けて見れば、二人ともストーブの縁に足を乗せており、彼の振動が伝わってきたのはそのためだったことがわかった。こうして一応は胸をなでおろしたものの、この元鬼軍曹の震える形相には心胆寒からしめるものがあったという。

またある守衛は就寝中、白髪の翁に襲われたという。両手をソーッと両脇に入れてきたかと思えば、次の瞬間、手は次第に喉の方へと伸びてきて、呼吸ができないほど強く締めつけられた。その間、声も出せず、身動きもできなかったという。

他方、また別の守衛によれば、人の腕くらいもある巨大な蟹の手がニューッと現れたかと思うと、大きなハサミで襲い掛かってきたという。いくら逃げようとしても逃げ出せず、長時間声も出せずにいた。そしてこの話に耳を傾けている石橋自身、何者かに追いかけられる夢を見た経験があり、通りがかった仲間にいくら助けを求めようとしても、やはり声も出ず、身じろぎもできなかったという。

これらの守衛たちには、誰もそれまでこんな経験をした者はいなかった。そういうわけで、誰からともなく、打ち捨てられたままとなっているお小夜狭吾七の祟りという噂が、いつしか守衛たちの間でささやかれるようになったとか。その後、守衛たちの幽霊話は、あの狭吾七緊縛の松の木と結びつけられるようになっていく。

前田海岸には東西二ヶ所の見張り所があり、お小夜狭吾七伝承が残る浜辺は東の見張り所の近辺にあった。ある夜、石橋は本事務所で例の亡霊話をひとしきりした後、見張りに立っていた守衛にも同じ話をしてやった。ところがこの守衛、小心のくせに口先だけは達者と見えて、「幽霊ぐらいに驚くか」と豪語する。その晩は光のない赤黒い色をした下弦の月が狭吾七の松の上にかかっており、なんとも物寂しい雰囲気を呈していた。そこで石橋は少しからかってやろうと思い、彼が宿直室に行くのを見送りながら、「芝居や物語で出てくる幽霊は今夜のような時に出るのだろう」とポツリと一言だけいって別れたという。

それから数時間後、守衛は同僚に連れられて再び現れた。服はよごれ、顔面蒼白になっていた。話を聞くと、狭吾七の松の付近まで戻ってきた時、何かフワッと光るものが動くのを見たという。「アッ、出たー！」と思った瞬間、急に足がすくんで動けなくなった。冷たい一陣の風がサワサワと音を立てながら、草原の上をなでて通った。彼は生きた心地がせず、その得体の知れぬものから逃れようとするが、足腰が立たないため、膝頭で四つんばいになって、ほうほうの体でなんとか同僚の元までたどり着いたところであった。

それでも同僚に支えられながら石橋のもとにやって来るまでの間、しきりに「アッ、火の玉が見える、二つになった」などとうわ言のように口走っていたのだとか。しかしながら同僚には、いくら辺りを見回しても何ひとつ見えなかったという。

岩下が蒐集したこうした類の怪談話は、ことほどさように後を絶たなかったのである。

ひるがえって前田に昔から住む人々は、このような守衛たちの怪談話を全く信じていなかったという。ある古老の弁によれば、「澤七さんの供養は怠りのう続けてきちょるけ、静かに静まっとるし、祟りなんちゅうもんはない」とのことであった。

だが昭和三（一九二八）年を境に、伝承を取り巻く状況は一変する。すなわち先にも書いたように、民営の九州製鋼にとって代わり、官営の八幡製鉄所がこの一帯を専有するようになったからだ。そして和井田の海岸は製鉄所の敷地内に封印され、前田の住民たちは完全にそこから締め出されてしまったのである。

はたして、お小夜狭吾七の祟り伝承は、その敷地内に囲い込まれた職工たちによって、製鉄所と結びつけて語られるようになる。こうしてよそ者である職工たちまでが、お小夜狭吾七伝承の新たな語り手として包摂されることになったのである。

次節では、職工が伝承の語り手へと変ずる過程を述べてみたい。またそれにともない、伝承自体も新たな局面を迎えることになる。この問題についても、あわせ考えていくことにしよう。

●ふたたび構内にて──「和井田権現」の建立──

昭和三年、㈱九州製鋼が製鉄所に経営移管されたことで、前田でもついに本格的な製鉄作業が開始されることとなった。この頃より職工たちの間では、公地として残されていた海岸のことが、にわかに話題に上るようになったという。そこには先に述べた松の木があったが、大人の腰くらいの高さの所で表皮が三分の二ほど失われており、それには縛りつけられた狭吾七が悶絶したため表皮がなくなったといういわれまでが付された。

製鉄所構内でささやかれた祟り話は、もともとある事故に端を発したものだったという（八幡市史編纂委員会編、一九五九）。屑鉄の整理作業に従事していた一人の職夫（臨時工）がいた。ある時、責任者から「此処を整理すると後がきれいになるから、わざわざ断らなくてもお小夜さんも祟りはしまい」と命じられ、嫌々ながらも松の付近の整備を行なった。仲間とお小夜狭吾七の噂話をしながら、作業をしていたところ、折りしもその日の午後、貨車同士の衝突に巻き込まれ、責任者は即死、噂話をしていた相棒は重症を負い、出血多量でまもなく死亡したという。まもなく、この話はその職夫から人づてに広まり、次々と構内で祟り話として噂されるようになったという。

また、松の付近で悪戯をすると狭吾七の祟りがあると聞かされた若い職夫が、「祟れるものなら祟ってみよ」と松に放尿したところ、その日の午後、木材運搬中に材木の下にあった木片が折れ飛んで額に当たり、大怪我をしたというものである。同様に、ある機関車の乗務員も「今頃たたりなどある筈はない。伝説の松など引き抜いてしまえ」と小馬鹿にしながら、松にロープをつけて機関車で引っ張ったが、松はビクともせず、まもなく当人は病気にかかったらしい。さらに、この付近で鉄道の保線作業に従事していた職工もやはり悪戯をしたところ、今度は「不具者になる怪我」をしたという。それ以来、松にロープをかけて作業をしていると物がひとりでに倒れるという事故が起こったり、やはり松へのお供えものを小馬鹿にして食べた職工が原因不明の腹痛に襲われるなど、気味の悪い出来事が後を絶たなかったという。五月雨の降る夕方などには人魂が飛ぶのがいつも見えたという噂も後を絶たなかったようだ。これらは安全管理が行き届いた戦後以降の感覚だと、整理整頓の不徹底や衛生観念の未浸透などによる人災にほかならないが(5)、当時の人々には祟りとして受け止められたのであった。

ともあれ、この類の噂話はたちまち広がり、まもなくお小夜狭吾七の祟りは全構内で噂されるようになったという。それとともに製鉄所構内の事故(架線事故や心臓部である熔鉱炉の事故など)はいずれも伝承と結びつけられ、直接作業に従事する職工たちの間で語られるようになったらしいのである。当初、祟りの噂は、職工へと転じた前田の在来民たちの間でささやかれていたが、事故死といった悲劇的経験をめぐる認識の共有が徐々に深まるにつれ、まもなく構内全体へ、よそ者の職工たちの間にも浸透していったという。事実、彼らは〝高熱重筋労働〟と呼ばれる、非常な体力を要する、またひとつ間違えると命を落としかねないきわめて危険な作業に従事していたのだ。たしかに、昭和初年度頃までは昨日構内で死んだはずの同僚が歩いているのを見たとか、花尾山のふもとあたりから、小伊藤山(八幡図書館の付近にあった丘陵地で、戦後の戦災復興整理事業により消失。現在は公園となっている）に向かって人魂がフワフワと飛ぶのを見たことがある、などといった怪異は構内でも語られていたそうだ。だが、それらはいずれもいまだお小夜狭吾七と結びつけて物語られることはなかったのである。

にもかかわらず、職工たちが構内で伝承を語り始めるようになったのは、官営ゆえに一般人の立ち入りが厳禁とされたことと密接に関係している。それは製鉄所の元職工で地元郷土史家でもあった上野例蔵の次のような証言にも示されている。すなわち、「近年製鉄所拡張せられ多くは其用地となりしかば現今にては其行事中止せり」（上野、一九三六）、と。

前田住民たちがこれまで行なっていた祟り鎮めのための行事、つまり塚祭りが中断させられたというのである。この出来事は住民たちにとって、祭りを通じて伝承を追体験する道が閉ざされたことを意味する。しかしその一方で、構内事故という職工たちの身に差し迫った新たなる現実は、皮肉にも祟りの記憶を呼びさまし、お小夜狭吾七の怨みを鎮めることを改めて必要としたのである。

写真７　和井田権現
（別名、お小夜観音菩薩）

そうした中で在来住民に代わり、その新たな祀り手となったのがほかならぬ職工たちであった。彼らは信仰拠点として伝承の残るその浜に〝和井田権現〟を建立したのである。そして自ら発起人となり、職員たちの協力をあおぎつつ各工場に呼びかけては、「セメントや木材をもらい集めたり、使役の人の供出をうけたりして祠を作り」、仲宿八幡宮をはじめ各方面に頼んでその由緒を調べ上げ、松の木を「神木」とし、「和井田」の地名から〝和井田権現〟と名付けたという。その際、御神体も職工たちの手で作られたが、それは製鉄所の用材を溶かした鋼鉄製の観音像(6)であった(写真7)。御神体を観音とした理由は、お小夜が籠っていた観音堂(浄土宗浄蓮寺末寺前田観音堂、地元では朝日観音堂と呼ばれる)の霊験にあやかるためであったという。例祭日は六月二二日に定められた。これは一説によれば、御神木の祟りが最初に起こった日とされる。また、祠が完成したのが六月であり、さらに「三四五七《さよさごしち》」を合わせると二二、という語呂合わせから決められたと語る者もいる。

このようにして職工たちの手ずから完成された祠は、付近の西八幡工場の職工たちを中心に管理され、例祭も滞ることなく執行された。そして、「伝へ聞いた代々の従業員達によつて、あるいは花芝《ママ》が手向けられ、あるいは供物が供えられて安全に祟りの無い様にと祈り続けられ」(『時報くろがね』一〇九六号、一九五二年)、また誰からともなく掃除したりする者が後を絶たないほど、その信仰は厚かったらしい。私が聞き取りをした元職工(七九歳)によれば、〝和井田権現〟は作業安全の神として祀られたものとされ、特に新規事業を起こす時、また事故が起こった時などは参拝者が絶えることがなかったという。その信心深さを伝える一つのエピソードを紹介しておこう。昭和二六(一九五一)年頃、西八幡工場でボートが転覆するという事故が起こった。凪が無い日にもかかわらず発生したという奇妙な現象から、その原因が判明した後にも、本年に限り例祭に出席しなかったからではないか、とささやく者が出る始末だった。職工たちがいかに祟りを恐れ、信心にすがりついていたかが理解されるだろう。

以上より、お小夜狭吾七伝承が構内事故を通じて再度その祟り性を呼びさまされ、結果として職住一体の前田在来の職工たちだけでなく、やがて製鉄所の職工全体が取り込まれていった様子がうかがえる。彼らは同時に怨霊の祀り手として、和井田権現という自前の拠点を職場内に築き上げるのであった。

だがそうした一方で、同じ昭和三年を機にして、お小夜狭吾七伝承は悲恋性への傾斜という新たな局面を迎えつつあった。

第三節　物語る職工たち（二）—お小夜狭吾七の悲恋—

●多様化する伝承

昭和三年以降、戦後の高度成長期にいたるまで、悲恋性を帯びたお小夜狭吾七の物語は職工たちによって多様に脚色され、多様な形態で伝承されることになる。時代を追って、その展開の様子を見ていこう。

（1）「鉄の都」—昭和初期—

既述のように昭和三年は㈱九州製鋼が委任経営となった年である。製鉄所はその記念に福岡県が生んだ詩人・北原白秋を招聘し、所歌を制定したのである。

この時、白秋は八幡市の依頼により、民謡の作詞も手がけている。第二章で紹介した「鉄の都」（作曲・町田嘉章）においても、お小夜狭吾七伝承はその歌い出し部分に登場する。

お小夜狭吾七　昔の夢よ　今は飛び散る鉄の花

火の粉火の滝　火の流れ　誰に焦がれて　立つ煙ぢゃえ　ええま立つ煙ぢゃえー

この唄い出しの後、製鉄所による八幡の繁栄を読み込んだ内容が続く。

ところで右の歌詞からは、昭和初期の時点で、お小夜狭吾七の祟りがすでに〃昔語り〃と見なされていることが読み取れる。この点は祟りを意識し、職工たちの手で和井田権現が建立された先の経緯を考えると、現実とあまりにも大きくかけ離れてしまった観がある。だが、とにかくもこれを機に、お小夜狭吾七伝承は前田という特定地区だけの恐怖の祟り話としてでなく、愛し合う男女の〃命懸けの恋と悲恋という結末〃を中心テーマとした、八幡市民全体の新たな伝承となったのである。

この時代、地方主義は国家主義との連動から喚起されることが多く(阿部、一九九九)、わけても初の大規模な官営製鉄所を擁した八幡の場合、〈大日本の〉富国強兵を期する国家主義とパラレルなものとして、その地方主義は容易に認識されえたのではないだろうか。人々は空に屹立する溶鉱炉に〈八幡市民であること〉を確認し、おそらくそうした自負を「鉄の都」によって謳歌したのであろう。大月隆寛は当時の八幡の人々が眺めたにちがいない光景を透視し、次のように活写する。

「何もない漁村にいきなり「国家」が、具体的なかたちを伴った「力」の風景と共に舞い降りる。まるで軍艦のような、くろぐろと聳え立つ巨大な構造物と、そこに群れ集うようになる出自も背景もまるで異なる雑多な人々。繰り返す。「国家」は抽象的な概念としてでなく、眼の前に具体的な存在として立ち現れるようなものだった」(大月、一九九五)

まさしく製鉄所の開業以来、八幡を構成してきた「出自も背景もまるで異なる雑多な人々」は日々溶鉱炉を見上げての作業を通し、各自の技能によって一致団結した「職工」となり、同時に「八幡市民」としての一体感を醸成してきたのであり、それがまた〈大日本の〉興隆を基盤から支えていることへの自負心を強めていったと考えられる。

事実、この歌は市民の間でたいそう流行し、まもなくレコード化までされたという。私が聞き取りを行なった老人は、子供の頃、製鉄所の職工だった叔父の家に遊びに行くと、彼が大勢の職場仲間とともにしばしばこの歌を口ずさんでいた光景や、街に遊びに出かけたおり、ふと気付くとよくこの曲がかかっていた記憶があると述懐した。また、この歌は酒席でもよく歌われたらしい。ある料亭のおかみなどは、興が乗るとだれもが芸妓の三味線の伴奏に合わせ、調子っぱずれの大声で楽しそうに心ゆくまで歌い踊っていた光景を今も憶えているという。

八幡市民であることと、製鉄所の職工であることは、このように国家主義を介して不可分に結びついていた。どうしたわけかお小夜と狭吾七の悲恋を詠み込んだ「鉄の都」は、それらをつなぐ媒介的役割をしていたのである。

なお蛇足ながら、同じ時期、狭吾七にゆかりのある中津の旅役者の桃太郎一座によって芝居「お小夜狭吾七の物語」が興行されたところ、たいへんな好評を博したという話も伝わる。ちなみにこの芝居では、お小夜は庄屋の娘として登場したとか。

（二）浪曲―戦中〜戦後―

さらにお小夜狭吾七伝承は戦中から戦後にかけて浪曲の題材ともなったが、興味深いことに、そこでは職工、しかも在来民以外のよそ者の職工たちが語り手の中心となった。これらはなおも祟りを基調とする内容ではあったが、それよりはむしろ二人の悲恋を哀切たっぷりに歌い上げるという色合いの方が強かった。浪曲は複数作られたと聞くが、現在のところ歌詞が判明しているのは昭和二八（一九五三）年のもののみである。その語り出しは次のようなものである。

「帆柱山の春霞、洞海湾の恋の波、仲をとりもつ製鉄所、熔鉱炉の火は燃えて、黒煙天に漲れど、今も昔も変らぬ恋の闇路と人心、頃は文化の十年で、此処は八幡の西前田、和井田の里に咲く花の、花よりきれいな乙女あり、年は十七、名はお小夜、恋しなつかし狭吾七さんと、名を呼びつづけて井戸の中、ざんぶと飛込んで情死なし、和井田権現お小夜地蔵と、今残るお小夜狭吾七恋物語の一頁、拙き浪花の一節に綴り合せて今此処に皆様方の清きお耳に伝えましょう」

以下、狭吾七が板櫃（現・小倉北区）の生まれで、家を飛び出して旅役者となり、前田に流れ来てお小夜と恋仲となったこと、それを妬んだ組頭の倅の茂吉がお小夜に横恋慕するも拒絶されたため、狭吾七を逆恨みしたことが語られる。茂吉は村の若者二十名とともに前田海岸に狭吾七を誘い出し、暴行して松の木につるし上げ、積み上げた藁や青松葉でふすべ殺したうえ、死体を牛に曳かせて村中を引き廻す。それを見たお小夜は、次のように絶叫しつつ、自害して果てる。

「許して下さい狭吾七さん、こんな姿になったとは、今の今迄知らなんだ、こういうことになったのも、ことの起りは私故、とんだ迷惑かけました。あくまでこうなりゃお前と共に、いひ交わしたる二人の仲、三途の川の深いのも、死出の山路の高いのも、共に越しましょつれて下さい狭吾七さんと、気も狂乱のお小夜坊はビンハツ乱れ血眼の、狭吾七さんへと恋人の名を呼びつづけ、辺りにありし小石をば五ツ六ツ拾ひあげ袂に入れるが早く身をおどらして井戸の中、ザンブとばかり飛込んで、哀れな最後をとげました」

後日、狭吾七の父親が来て〝恨みを晴らせ〟と嘆き、その一方、首謀者の組頭の家が不審火で焼け、焔の中に狭吾七の亡霊が現われる。それ以後も飼い牛が流行病で死ぬという怪異が村に続いたため、牛守神社を建立し、狭吾七を祀ったという牛守神社発祥の経緯が語られた後、浪曲は次のような歌詞で結ばれる。

「月雲の花の香もかんばしく移り変れる世の中に今尚残る松の老木、昭和の御代の君の恩、躍進日本の心臓部、此処は八幡の製鉄所、製鋼増産日に進み、安全の神と称へられ、年次祭礼賑やかに祭られいたが、時は昭和の二十八年、月は十月三十日、処は前田の八幡様に牛守神社とまつられて、御利益あらたのことなれば縁結びの神と称へられ、幾千代までもいつまでも松の緑と諸共に、花のかほりや残るらん」

ここでは祟りそのものの内容については多少減じられたものとなっており、〝二人の恋とその悲恋という結末〟を中心に描かれているといえよう。

ちなみに右に記した浪曲の作者は、かつて前田に在住したことのあるよそ者の職工（当時七〇歳、故人）である。私が当地で聞いた話では、彼の浪曲は製鉄所内では定評があり、頼まれると三味線をもってどこへでも出かけ、時間の許す限り語って聞かせたという。その哀切を帯びた語り口は聞く人の涙を誘い、「お小夜狭吾七がかわいそう」との民情をかきたてたという。そんな彼は製鉄所を満期退職してからは、かつての同僚たちが入居している各地の養老院を訪ね廻っていたらしい。

（三）狂歌―高度経済成長期―

加えてお小夜狭吾七伝承は、昭和四七（一九七二）年には狂歌の題材ともなっている。『お小夜狭吾七悲恋狂想歌』と名付けられた歌集は全四〇六首よりなり、お小夜と狭吾七の出会いから狭吾七の死とその祟りの終息までの話を順に並べた構成となっている。収められた歌は、恋愛を主題としたものが約八割を占めるのに対し、祟りに関するものはわずか一割にも満たない。

歌集の後記には、「八幡の歴史であり、伝説である前田の仲宿八幡宮の境内にある牛守神社、旭山観音堂の恋地蔵尊。人から人へ、耳から口へ、言い伝えられ語り続けられた伝承の悲恋物語。時代の流れに芝居、小説、歌、或いは浪曲になった主人公お小夜、狭吾七の悲惨な物語」（傍点・筆者）とあり、その悲恋性が改めて強調されている。そこからはまた、恋を叶える新たな御利益との結びつきから、この伝承が語られるようになった点も読み取れる。すなわち、祟り鎮めのための祭祀から、怨霊統御による御利益のための祭祀への転換である。これにより、災厄と結びついたおどろおどろしさはほとんど払拭されている。

実はこの歌集は、くだんの牛守神社が祀られている仲宿八幡宮で、私がお小夜狭吾七についての聞き取り調査を行なっていた時、ひとりの関係者から何気なく手渡されたものである。これを編んだ人物は最初、中学生の頃に父親からお小夜狭吾七伝承を聞かされた。その後、この時の記憶をベースに、さらに前田在来民から耳にした話を軸としながら、歌集にまとめたものらしい。

さて、ここに収められた狂歌を一読すると、以下のような九つのテーマから構成されていることがわかる。

①領主に反発したかどで追われる息子を国元で案ずる母の愛
②悲恋、すなわちお小夜との出会いから殺害されるまでに至る二人の恋の結末が克明に描かれている。それは以下の筋書きから成る。
・〝旅役者〟の狭吾七と村娘お小夜の出会い
・観音参りして恋の願をかけるお小夜
・狭吾七の苦悩（よそ者ゆえの困難な愛の成就）
・人目を忍ぶ逢引きと前田祇園の夜、告げられる妊娠
・狭吾七の決意（お小夜の父に依頼された盆踊りの振り付けを懸命に行なう）
・お小夜に横恋慕する組頭の倅・繁
・盆踊りの夜の逢引き、二人の仲を知り、後を追う繁と若い衆
・前田の浜の死闘
・人質に取られるお小夜、それを命懸けで逃がす狭吾七
・半狂乱となって走り去るお小夜（資料4―I）
・狭吾七のむごたらしい死（牛曳きにされたあげく耳鼻を削がれて焼き殺される）
・いまわの際に血みどろの眼で睨み付ける狭吾七の姿が強調されている
③息子の死を知り、郷里より駆けつけた母の悲痛な叫び、「霊あらば聞け、この怨みを忘れるな、きっと晴らせ」との言葉を残して去る
④狭吾七の遺言「子供のために生きよ」に従い、悲しみをこらえるお小夜
⑤山に隠れる首謀者。顔と右手に浴びた狭吾七の血が拭い取れず、おびえ暮らす毎日。やがて顔が腫れ上が

り、狭吾七の初七日に死亡

これを端緒に、祟りが前田一円に及ぼされていく様子が描かれる。

⑥祟り

・牛小屋の火事（炎の中に浮かぶ血みどろの狭吾七と髪振り乱したお小夜の姿）

・打ち続く火事と暴風、その結果の凶作（不思議と観音の縁日の日だけは止む）

蔓延する疫病（徳利病で死ぬ牛、赤腹病で死ぬ村人）

・いくら神仏に祈願しても消えない祟り

・死に絶えゆく村の情景（恐れで気が触れる者、村を棄てる者が続出、死体を焼く野焼きで煙り、さらに猜疑心にかられ喧嘩口論の絶えない村と化す）

・昼なお暗く幽霊が出るという半分焼けた松の木の噂

⑦国許から届く赦免状

⑧前田の浜でのお小夜の自殺（地蔵[7]に花を活け、きちんと手拭いを畳んでから入水）（資料4―Ⅱ）

⑨祟りの終焉

・観音の縁日にちなみ、祠を建てて祀るも止まぬ怪異

・本寺である浄蓮寺による怨霊鎮め（施餓鬼法要の執行）

・お小夜狭吾七を祀る隠れ地蔵（和井田権現と命名）[8]

・終息する祟り（村人の喜び）

・恋の願いを叶える地蔵の霊験（資料4―Ⅲ）

この中で特に興味深いのは、悲恋の話とともにお小夜が観音様に恋の願をかけたというくだりである。つまり生前添い遂げることのできなかった二人の悲恋ゆえ、かえって恋の成就の霊験が、新たに説かれるようになったのである。げんにこの霊験は後述するように、仲宿八幡宮の由緒書きにもはっきりと記載されている。そういった新たな霊験の出現は、何によるのであろうか。以下、製鉄所をめぐる合理化計画という時代状況との関連から、この問題を考えてみたい。

●祟り神から恋の神へ

結論を先取りしていえば、それは、あの和井田権現の遷座によって生じた新しい現象であった。和井田権現が現在地の仲宿八幡宮に移転されたのは、製鉄所が第一次合理化政策の途上にあった昭和二八（一九五三）年のことである。直接には職工ＯＢらを含む前田在住の老人たちが製鉄所に八幡宮への遷座を願い出て、これを許可されたことによる（前掲・『時報くろがね』一〇九六号）。なぜ八幡宮だったかといえば、本章の冒頭に記したように、もともと狭吾七を祀ったとされる牛守神社がすでに大正七（一九一八）年、同じ八幡宮の境内に祀られていたからだ。

写真８　狭吾七ゆかりの松の木

以下、仲宿八幡宮宮司の話をもとに、遷座の経過と和井田権現のその後について簡略に記しておく。

まず遷座報告祭が昭和二八（一九五三）年一〇月初頭に和井

写真９　和井田権現遷座祭（仲宿八幡宮提供）

田権現にて執行された。それから狭吾七が縛りつけられたとされる松が八幡宮に移植された。ちなみに、松は昭和一四、五年頃に一度枯れてしまったので、代わりに新しい松が植えられていた（写真８）。そこで、その新旧の株が一緒に移されることになった。続いて同月末、遷座祭が行なわれた（写真９）。これには所長以下、各部長をはじめとする製鉄所関係者たちも参列し、盛大な行列を組んで構内から八幡宮まで、賑々しく遷座を行なったという（八幡市史編纂委員会編、一九五九）。

かくして和井田権現は牛守神社に合祀された。〝恋をかなえる霊験〟が語られるようになるのはこれより後のことで、昭和三〇年頃からお小夜狭吾七が恋のお守り[9]（写真10）として売られ始め、また神社の由緒書などにも〝悲恋の御祭神〟という説明を付されるようになったという。さらに近年は恋占いのための恋占い石がおかれ、それによる占いの作法までも考案されている（写真11）。

このようにお小夜狭吾七伝承は、時代を超えた職工たちの語りの中で、製鉄所にとって画期となる出来事を節

写真10,11　恋守りとなったお小夜・狭吾七（左マル内）と恋占い石

目としながら、祟りから悲恋へ、悲恋から恋愛成就へと、その伝承の様相を変じていったのである。かかる状況が先にあげた狂歌の内容にも影響したものと考えられる。

ところで、お小夜狭吾七がついに〝恋の神〟として語られるようになったきっかけは、朝鮮戦争特需と連動した第一次合理化政策のおりに製鉄所が遷座を望んだことである。職工たちが安全を祈願してきた和井田権現は、なぜ製鉄所から排除されることになったのだろうか。そしてお小夜狭吾七伝承の変化は、この点といかに結びついているのだろうか。

●合理化計画と祟り神の排除

これまで述べてきたように、お小夜狭吾七伝承をめぐっては、祟り話という本来的要因が希薄化され、徐々に悲恋話へとスライドされていく認識変化のありようが、語り手たちの間にかなり明瞭に見受けられた。神社関係者の説明によれば、それは和井田権現が製鉄所内から遷座されたことにかかわるのだというが、管見の限り、前田の老人たちの多くも同じように考えているようだ。つまり〝構内から和井田権現がなくなったこと〟が、そのまま伝承をめぐる認識の変化に結びついているのである。なぜなら職工の集住地区である前田は、製鉄所の意向や所内の雰囲気を如実なまでに反映していると思われるからだ。

たとえば、昭和二八年に和井田権現が遷座された後、しばらくは牛守神社例祭[10]に製鉄所からの職員や職工の参列が見られたが、昭和三〇年代半ばともなると、徐々に参列者が減少しはじめたという証言がある。また遷座を機に、職工たちの間でも、和井田権現と労働災害との関係さえ段々と噂にものぼらなくなったという。つまりこの時期、祟り神としてのお小夜狭吾七は、物理的にも伝承的にも排除されたのだった。

前章でも言及したように、高度経済成長下の当時、製鉄所内では相次いで合理化政策が断行されていった。職工たちの側からすれば実質的な人員整理であり、その過程を通じて徹底的な社員教育を叩き込まれ、何をするにも会社の意向に附託する、おとなしく従順な〈馬鹿ん真似人間〉の職工へと変じられた時期にも相当していた。

そして興味深いのは、同時期における労働災害の状況である。なんとなれば前近代的なお小夜狭吾七の祟りは、近代工場における労災とともに息を吹き返したのであったから。田中熊吉によって「高炉の夏痩せ」の科学的解明がなされたとはいえ、産業戦士として命を捧げることが称賛された戦時中までは、いまだ現場は労災と密接な関係にあったと考えら

年	死亡数	死傷数	職工数
大正5	24	11,415	18,205
大正9	46	19,962	27,611
昭和3	43	17,892	23,375
昭和9	32	11,752	26,830
昭和15	40	17,876	46,419
昭和22	9	3,381	23,487
昭和25	20	9,546	32,959
			社員数
昭和26	22	6,329	40,334
昭和29	18	2,751	36,870
昭和31	19	2,021	34,574
昭和35	13	1,428	37,326
昭和39	10	641	39,677
昭和44	5	412	30,030
昭和45	5	363	27,624
昭和47	3	255	24,917
昭和53	0	69	19,116

表6　八幡製鉄所における災害件数
（八幡製鉄所所史編さん実行委員会編、1980をもとに作成）

れるし、それだけ職工たちの間では祟り話の要素が根強く残っていたにちがいない。

ところが戦後になると、設備などの面で職場環境が格段に改善され、また職場における安全運動が徹底されたことなどにより、上がってくる件数自体が大幅に減少するのである(表6)。だから、お小夜狭吾七の祟り鎮めを行なう必要など、もはやない。

しかしながら労災件数の減少は、災害の発生が減少したというよりも、実はその届け出自体が減らされた結果にすぎないと指摘する声もある(市川、一九六一)。つまり実際の労災事故は増えているのに、いざ怪我の状況について事情聴取される段になると、「災害を受けた労働者はまるで被告あつかいにされ、査問委員会のような雰囲気がつくりだされ、実際には設備や環境が原因となって発生した労働災害でも、本人の不注意や過失に帰せられてしまう」せいだという。このような体験は、私が行なった元職工たちへの聞き取り調査の中でも聞かれた。

そして右のような状況下では、労働災害を語ること自体、製鉄所の意向と反することになってしまう。そのため労災と結びつけて語られてきた伝承も、人員整理からの生き残りに必死であった職工たちにとって、タブーとされたであろうことは想像するに難くない。その意味で、労災を前提とした祟り伝承にもとづく和井田権現の移転は、飛躍的な成長をめざす製鉄所にとって必然的な措置、ないしは絶好の機会であったはずだ。ちょうど和井田権現の遷座の前年、すなわち昭和二七年より、無災害の連続記録を達成した会社や企業に対し、労働省がこれを表彰する制度が実施されるようになったところである。いわゆる〝安全表彰〟の実施は、優良企業という国家のお墨付きを求める企業間の競争をおおいにあおった。元官営という看板を背負った製鉄所が、安全管理を励行し、そうした安全競争に躍起になったであろうことも、また想像に難くないだろう。

戦後の好景気の中で、企業トップは「もっと投資を」と、現場に対して「作れ作れ」とはっぱをかけていたであろう。だがその一方で、優良企業として競り上がるには「安全」の励行も怠りなくする必要があった。この二つの要求は明らかに相容れないはずであったが、そうした一切の矛盾を勢いとムードでかき消すように、製鉄所では次のような「安全歌」が日々うたわれた。私のインタビューに対し、佐木隆三はこれを実際に歌ってみせてくれた。歌の最後に、安全旗が誇らしげに掲げられる時の擬声音「シュッ！」までつけて。

鉄の仲間の合言葉　皆さんお早ようごあんぜん　安全呼称身につけて　つくる良い鉄　安い鉄　今日も揚げます　安全旗（シュッ！）

さて、そうした事情を裏書きするように、実際、遷座を願い出たのは製鉄所側であったという話も聞かれるのだ。いっこうに労働災害が減らないとの理由から、「この際、一木一草まで、お小夜・狭吾七に関わりのあるものは、お宅の神社にお引き取り願いたい」という申し出が神社に対してあり、和井田権現の移転はその結果として行なわれたといわれている。このエピソードには、移転が製鉄所本位に、かなり強硬に進められた事情が物語られている。そして和井田権現が職工たちの視界から消え去った時、彼らにとって祟りの伝承は労災事故を説明する解釈枠組としてのリアリティを失ったに相違ない。

ここでもまた、お小夜狭吾七伝承をめぐる認識の変化が、製鉄所をめぐる諸状況、ひいては国家施策との密接な連動の中で、生じてきたことが確認される。そこに表出しているのは、本書が一貫して素描をこころみてきたように、前近代からの連続性にもとづく伝承の様態だけではなく、時代ごとの社会的状況とのかかわりの中から生み出される断続的な伝承の姿である。

以上、時間の流れの中で、お小夜狭吾七伝承の多様性への推移を捉えてきた。最後に、空間上での語りのバリエーションについても触れておこう。

●伝承をめぐる地域的位相――祟り話と悲恋話のあいだ――

昭和初期を境に、お小夜狭吾七伝承が「鉄の都」、浪曲、狂歌といったように多様化する中、そこに内包されるテーマは次第に、だが瞭然と〝悲恋の二人〟というモティーフへと移り変わっていった。ならば、もう一方のテーマである祟り性の要因は、完全に消滅してしまったというのだろうか。

実情はさにあらず、と答えなくてはなるまい。たしかに、これら多様化する伝承からは前近代以来の祟りの恐怖が減じられているものの、依然それが連続性をもって伝えられている側面も否めないのだ。つまり前田にとどまらず、製鉄所をとりまく地域全体に視野を広げてみると、各地区で語られるお小夜狭吾七伝承が祟り話であるか、あるいは悲恋話であるかは、祟り性・悲恋性という色調の度合いの相違であって、一種のグラデーションをなしている様子がうかがえる。

この伝承を知り、現在にいたるまで語り伝えている職工たちは、八幡や戸畑など、前田同様、製鉄所と関係の深い近隣の地域にも散見された。私が話を聞いたのは昭和三〇年代に入社した人たちだったが、彼らは小学生の時、昔話の語り部たちを通じてお小夜狭吾七の物語を知ったという。これは当時の八幡市が郷土学習の一環として、各校に巡回教室を派遣していたことによる。まさしく戦後復興前夜、このような形式の郷土教育は新生日本の国家主義と連動した、地方主義の一端として行なわれたのであろう。ところで、彼らはその時に聞いたお小夜狭吾七伝承を〝恐怖の祟り話〟としてでなく、むしろ〝悲恋話〟として認識したという。余談になるが、その中のある人は、私がお小夜狭吾七伝承の本来のあらすじを説明すると、「えーっ、そんな話だったんですか。薄気味悪いなあ」とひどく驚いたのだった。

ひるがえって同じ昭和三〇年代入社でも、前田の職工たちの間では、今なおそれは祟り話として語られていた。

このように前田で依然、祟り話を中心としたお小夜狭吾七伝承が語られている事実は、当地のいかなる経験上のリアリティに由来するものなのだろうか。

端的にいって、それは〝火災の頻発〟という当地の歴史的な経緯と深くかかわっているのである。前田では戦前より火災が相次ぎ、原因はいずれもお小夜狭吾七の祟りに結びつけて語られてきた、と古老は語る。その点は、「戦前前田は火事が多く、それは〝お小夜狭吾七〟のタタリであるといわれていた」(北九州八幡信用金庫、一九七四)という資料の記事からもうかがえる。

わけても明治二六、二七年頃の火災は、前田一円を丸ごと焼失するほど大規模なものであった。一軒の農家から出た火がにわかに吹き出した大風にあおられ、またたく間に拡がったものである。それはちょうど中津役者が芝居の興行準備をしている最中のことで、火事は午前九時頃から午後四時頃まで続いた。たまたま狭吾七に縁のある〝中津役者〟が居合わせたこともあってか、いつしか祟りによる火事との噂が広まり、後日、焼け跡には二人の冥福を祈る「お小夜地蔵」なるものまで建てられたという。

また戦前にあっては、製鉄所の構内事故があまりに多いことから、お小夜が籠ったとされる観音堂の本寺というよしみで、浄蓮寺の住職が狭吾七の月命日ごとに和井田の浜へと出向いて火災鎮めの祈祷を行ない、二人の供養をしていたという話がある。つまり構内における労災と地元における火災が、ともにお小夜狭吾七の祟りを意識させる契機となっていたのである。それだけにこの伝承に寄せられる恐怖感は、職住双方の場における祟りの媒体として、こと前田在住の職工たちを悩ませていたことになるだろう。

戦前に見舞われた大火の中では、昭和初期の大成館（市場にあった映画館）の火災が、地元民の記憶にいちばん根深く刻まれたという。ちなみにこの映画館は大正十年にできたものだが、昭和初年度に火災にあうまでの元の名称は社会館といった。続く昭和九年に再び大火に見舞われた際の名称が大成館であり、前田住民の間では以後、火災の惨禍の記憶としての「大成館」が、その語りにおいて記号化されるようになったのである。発端となった昭和九年秋の火災に際し、地元紙は「屢々火禍に見舞はる、八幡前田」という見出しを掲げ、次のように述べている。

「大火に見舞はれた八幡市前田附近には昔から数回大火禍にあひ同地方では因縁深き呪火のためだと又々恐怖に戦いてゐる」

さらに「即ち八幡署の市内消防に関する調査資料によれば今から百五十年前…（中略）…」といった具合に、お小夜狭吾七の祟り伝承がこれに続く（『福岡日日新聞』昭和九年十月廿一日）。そこにはたび重なる〝大火禍〟という現象を前に、官民あげてかなり真剣に祟り伝承を受け止めている様子がうかがえるだろう。

その惨禍の記憶は戦後にまで引き継がれ、実際そのせいであろうか、何十年もの時を隔てて、地方紙に写真付きで再び取り上げられたこともあったほどである。この出来事が今さらのように取りざたされ、新聞報道とあいなったのは、消火作業中の消防夫の傍らに立ち姿の人影らしいものが映っていた（初出は昭和九年の前掲記事）ことによるという。「消火のためのホースの放水管を握っている消防手が一人高い所に上っていたのに、それと並んで狭吾七が写って、三人になっている」という噂で持ちきりとなったため、福岡日日新聞社では後日その時の写真を再掲載し、幽霊の噂の解説を付したという。ちなみに、くだんの記事には〝これがお小夜・狭吾七の亡霊？〟との見出しが付されていた（『スポーツニッポン』昭和四八年八月一〇日付）。たしかに、それは後日、専門の写真家の鑑定によって現像液のムラであることが確認されたらしいのであるが、奇妙なことにそれでも祟りの噂は後を絶たなかったのである。

そこには明らかに、火災が伝承を介して解釈されている様子がうかがえる。そして前出の古老の説明では、このような記事が出たことで、それまで沈静化していた祟りの認識が地元民の間で再燃することになったのだという。前田の火災をめぐる祟り話は製鉄所構内での塚祭りが中断された時期、および和井田権現が八幡宮に移転される時期と重なり、ちょうどこれと入れ替わるようにして噴出し始めたのである。また、祟り話は火事だけでなく、伝承にまつわる細部にまで拡大されていったらしい。前田で製材所を経営していた者が、作業中に材木から手が離れずに、機械に巻き込まれて胴体が縦に二つに裂けたという話もあり、ご丁寧にも彼が狭吾七を殺害した人物の末裔であったという後日談までささやかれたというのだ。また、ある家からは狭吾七を殺した時の綱が発見された。そこで、この家に不具の子が出来たのは狭吾七を殺害した者の子孫であったためか？ などとひそかに噂し合ったという話もあったらしい。しかし、一方でこのような噂話を否定する古老もある。先の製材所の話など、「たしかに製材所を経営しとった人はおった。さけど、そこで人がそげな無残な死に方をしたっちゅう話は聞いたことはない」と。

要するにお小夜狭吾七の祟りの伝承は、九州製鋼の八幡製鉄への経営移管にともない、まずは前田住民から職工へと引き移されたが、今度は職工から前田住民へと、ふたたびその担い手としての機能が回帰させられたのだった。前近代からの祟り神は、近代の産物である製鉄所の都合にあたかも振り回されるように、せわしなく移動させられては、職工たちの頭上をさまよい続けたわけである。

さらに昭和四〇年代には、住民たちの祟りをめぐる噂話にしばしば次のようなエピソードが盛り込まれるようになった。当時、地元のある和菓子屋が「お小夜狭吾七最中」なるものを考案した。だが「祟りを口にするなんて気味が悪い」といって誰も買う者がおらず、「お小夜狭吾七さんで商売をしようなんてそのうち祟りが起こるぞ」と噂し合っていたところ、五年後、本当に店は潰れてしまった。話の真偽は定かでないが、その一家はやがて火事を起こし、よそへ転出した、という後日談を付け加える人もいる。この「お小夜狭吾七最中」にまつわる顛末は、そこに火災の発生が根拠づけられるよう、祟りのオチとして人々の口の端に上っていたらしい。

このような状況は、オイルショックにより製鉄所が斜陽を迎え、社宅も失われ、前田の人口が大幅に減少してからも、ほとんど変わりがなかったという。前にも触れたように、かつて前田は人口約一万人を数えたが、オイルショック後は激減し、現在までに約四割の人々が流出していったと推算される。それでも当地に残留している人のほとんどは、依然、製鉄所関係者(退職者および現職者)とその家族で占められており、聞き取りによれば、お小夜狭吾七伝承は現在もそうした住民を中心に語り継がれている。

火災は近年も相変わらず頻発しており、そのつど祟りとの関係が取りざたされてきたという。事実、昭和四八(一九七三)年には八幡警察署長が仲宿八幡宮に参拝し、火災防止祈願を行なっている(『スポーツニッポン』同年八月一〇日付)。また昭和六二(一九八七)年にも多くの火災が発生したため、氏子青年会(製鉄所関係者を含む)の発案で、牛守神社にて臨時大祭(五月二四日)が執行されたという(仲宿青年会、一九八八)。さらに平成九(一九九七)年には牛守神社二百年祭が執行されたが、そこで配布された資料には、「地域の防火・安全を祈念し『おさよさごしち』さんの慰霊」という祭祀目的が明記されているのである。

いずれの事例をとっても、一連の儀礼行為が「祟り→火災鎮め」という共通した意図で営まれ、お小夜狭吾七伝承がその触媒としての役割を果たしている点が見てとれる。

しかも「祟り＝火災」という認識の形成過程を見ていくと、住民は火災が起こるたびに〝炎のなかに浮かび上がる狭吾七とお小夜の恨みに満ちた姿〟というお小夜狭吾七伝承の一節を思い起こす、また実際にそれを見たと噂し合う、といった証言も聞かれたのである。私自身の経験としては、一九九八年に行なわれた同八幡宮の祇園祭調査（七月二三日）の際、観客である主婦二人の次のような会話を小耳にはさんだことがある。

「それにしてもこないだの火事はひどかったやん。あれ、寝煙草が原因っちね」
「でも奥さん、やっぱしあれじゃないと？　ほら、〝お小夜狭吾七〟。〇〇さんがあん時、炎の中に血まみれで恨みがましい目ぇした男ん人を見たっちゅうとったよ。ほんっと、こわいっちゃね」（傍点・筆者）

そこでは最近起こった火災が話題となっており、科学的にははっきりと寝煙草が原因と判明しているにもかかわらず、なおもその要因を伝承と結びつけて解釈しようとする姿勢がうかがえたのだ(11)。

実際の火災現場に遭遇した時、前田住民たちの脳裏には伝承の〝炎のなかに浮かび上がる狭吾七とお小夜の恨みに満ちた姿〟という一節が想起され、そこから「火災＝祟り」という認識が立ち上がっていくのではないだろうか。すなわち火災という出来事をきっかけとして、その要因が伝承の特定のフレーズと関連づけて解釈されるという、彼らのある種体系的な伝承認識の局面がそこにはおぼろげながら見出される。

そして、時代を超えてお小夜狭吾七伝承を語ることで、火災と祟りイメージを触媒する役割を果たしてきたのは、ほかならぬ職工（とその家族）という存在であった。前田に暮らす彼女たちの会話そのものが、このことをそっくり体現しているとはいえないだろうか。

おわりに—職工たちの来歴が語りかけるもの—

●虚構《フィクション》を生きた時代

本書の脱稿を目前にしたある日の新聞で「愛社精神を持てないこの現実」と題する読者の投書を目にした。投書者は北九州市八幡西区在住の六二歳の男性（パート）である。

私はある鉄鋼会社に就職し四〇年間、その会社を愛し誇りを持って働いてきた。だが結果はどうだったか。会社がもうかる時は設備投資に資金が回され、不況の時は合理化と、一度たりとも納得のいく賃金体系を経験することなく終わってしまった。

五〇歳を過ぎると賃金固定、協力会社への強制出向、早期退職と会社はツケをすべて従業員に押しつけてきた。家庭を犠牲にして、自分の会社を愛し誇りを持って働き続けた四〇年間の私は何だったのだろう。退職したいま、むなしい気持ちになる。……（略）……（『毎日新聞』朝刊、平成一四年一〇月二八日付）

この人の四〇年間は右肩上がりの経済成長とともにあって、おそらく「企業戦士」としての自己意識に燃えた日々だったはずだ。しかしながらその従業員としての晩年は、平成不況のただなかで、文字どおり「失われた一〇年」に等しかったのである。それにしても人生の終盤にさしかかり、家庭を犠牲にしてまで会社とともに生きてきた四〇年間を振り返って、このように自問せざるをえないのはなぜなのか。

また投書者は続けて、「この現実に直面した若者たちに果たして愛社精神なんていう言葉が通用するのだろうか」という問いを投げかけている。会社のために働き続けて、結果的に縁の下から日本を経済大国にまで押し上げたのは、実にこのような人々だったはずである。にもかかわらず、もはや自分の来し方をむなしく思うばかりの元企業戦士には、未来へ向けた餞の言葉ひとつ残せないでいる。

逆説的な言い方になるが、高度成長という栄光の過去そのものが、この人には深い自信喪失の根源になっているように思えてならない。時代の成長神話に躍ってはみたが、よくよく落ち着いて考えると、結局そこには何もなかった。ただ〝躍ってしまった〟という事実だけが、むなしく彼の脳裏に刻み込まれる。

このような不条理は、一体何に起因するのだろうか。そして労働という営為がめざすべき目的地と、そこにたどり着くための羅針盤を失ってしまった私たちが、木の葉の船でそれでも漕ぎ続けなくてはならない現代という時代の道しるべは、一体どこに見出せるのだろうか。

第三、四章において、職工たちをとりまく近代産業社会の実態を検証する中で、私には、その百年にも及ぶ歴史を貫くひとつの仕掛けが見えてきたような気がする。それは近代化という成長神話を支えた時代ごとの「物語」であり、それらが職工や坑夫など個々の労働者を突き動かす莫大なエネルギーとなったことである。

戦前・戦中・戦後を通じて物語の主人公となりえたのは、田中熊吉というひとりの偉大な職工だった。彼は、戦前には前近代的な伝承を背景とした「高炉の神様」、戦中にはお国のために滅私奉公する「産業戦士」、そして戦後、ことに高度成長期には躍進日本を象徴する「高炉の名医」として尊崇され、時代ごとに時の趨勢にふさわしい田中熊吉像へと作り変えられた。

やがて到来した安全競争の時代、産業界が求めたのは、過酷な国際競争を勝ち抜くだけの大量生産を支えうる人材であった。それは〝危険を顧みず労働する〟古いタイプの職工で、ものづくりにかけてはいまだ職人気質を残してもいた田中には、超えられない近代のかたちだった。そこで新たに創出されたのが産業戦線に奉仕する「企業戦士」の物語である。彼らは日本的経営という神話に庇護されながら、外に向けても「ビジネスマーン、ビジネスマーン、ジャパニーズ・ビジネスマーン！」と高らかに凱歌を上げた。だが、そうした華やかさの裏側で、縁の下で働く職工たちの腕はより単能化の度合いを高め、しまいには「絶望工場の馬鹿ん真似人間」にされてしまったのであった。

顧みれば「産業戦士」の時代も「企業戦士」の時代も、それはおおむね国家の時代であり、いわば壮大な虚構を生きた時代であった。本書「はじめに」で批判した某人気テレビ番組の無意味さは、かつての「企業戦士」たちを墓場から蘇らせ、その虚構をひたすら復元しようとしている点にある。

●神殺しの近代

いうまでもないことだが、工場労働では死や負傷などの理不尽な出来事と決して無縁ではいられない。かつて職工たちは、八幡に古くから伝わるお小夜狭吾七の祟り伝承を頼りに災いの意味を解釈し、祟り鎮めという彼らなりの流儀で労災事故に対処してきた。つまり彼らは超自然的領域への畏怖の念にもとづき、協働して主体的に自分たちの問題に立ち向かったといえる。職工たちの間で語られた祟り話は、たとえば「狭吾七の松の木に放尿してはならない」「和井田権現の供え物を盗み食いしてはならない」など、禁忌のメッセージを含んだものが多く、自分たちの職場に事故を起こさないために守られるべき彼らなりのモラルが、そこには自律的に機能しえたのであった。

ところが安全競争の励行は、そうした職工たちの精神世界に大きな打撃を及ぼした。労災をできるだけ〝なかったこと〟にして安全表彰を得たい製鉄所としては、祟り伝承は障害物以外のなにものでもなかった。結局、職工たちが構内に立て上げた信仰拠点の和井田権現、および狭吾七の松の木は、そんな製鉄所の都合により職工地帯を引き回されることになったのである。かくして労災の安全守護の神は、いつしか「恋の神」へと姿を変える。そのプロセスは奇しくも、田中熊吉をめぐる理想的職工像の変遷と軌を一にしたものであった。

第五章に記したのは、労災をめぐる主体的な解釈論が骨抜きにされていくのとパラレルに、職工たちが国家という虚構の中へと収斂されていった経緯である。

そうした〝神殺し〟のプロセスは、田中熊吉が最後には祀り捨てられ、高炉の火の消滅とともに社会的にも肉体的にも力を失っていく時期と符合する。そして職工自身にとっては、これこそまさに「馬鹿ん真似人間」への道にほかならなかった。労災に対する主体的な解釈と対処、事前に労災を起こさないための主体的なモラル……、これらに代わって職工たちを外から律することになったのが、徹底した人間への不信頼にもとづく「セーフティ・ファースト」と呼ばれる安全管理の理念であった。

総じて現代へといたる転轍となった高度成長期とは、すなわち人々の心意を破壊することでしか乗り越えられなかった時代といえる。現在《いま》はむなしくその巨体をもてあましている溶鉱炉や、赤錆びて朽ち果てた無数の竪坑櫓は、産業遺産あるいは産業文化財という名の墓標である。それらは破壊された私たちの心象風景そのものとして、空洞化した文化のみが結局は生き残ったという空虚な事実を言葉もなく告げている。

●「地の底の笑い話」

ならば、私たちが次に目指すべき地平とはどこなのか。そしてどのようにすれば失われた主体性と、労働意欲、労働倫理を再び掌中に取り戻すことができるのだろうか。

第一、二章で見たように、職工たちには自分自身とその労働がもつ意味に対し、大いなる矜持を抱いてきた時期がたしかにあった。また、そうでなければ時代そのものが立ち行かないからであった。とはいうものの、そのような矜持はどれも内発的ににじみ出てきたものではなく、国家という虚構の中で外在的に与えられた矜持でしかない。だからその梯子をはずされた時、彼らにはつぶやき、嘆き、自嘲することしかできないのである。その時に比較として持ち出されるのは、決まって似て非なる職人という存在であった。「馬鹿ん真似人間」が板についてしまった彼らの精神状態は、他者によって浮き上がったかと思えば、また別の他者によって沈み込む。伝承の世界を自律的に生きた昔日の職工たちの面影は、すでに見る影もないのである。

ところで六〇年代以降、ルポルタージュや小説を通じ、炭鉱や工場街で働く労働者たちの姿がさまざまに描かれるようになった。これらは学生運動の興隆を背景とし、「搾取される民衆」というネガティブ・イメージで語られることが多かったようだ。たしかにその暮らしは虐げられ、塗炭のごとき苦しみではあっただろう。だが、それは「被搾取」「被差別」などの一方的な言辞に封殺されてはならないのである。こうした底辺の人々の生きざまに、実は私たちのめざすべき地平が暗示されているように思えるからだ。

たとえば上野英信は、筑豊の老坑夫たちとの語らいを通して、過酷な環境であればこそいっそう笑いが重視される、自己の置かれた不幸のどん底をあえて笑い飛ばす、といった能動的な生きざまを見出している(上野、一九六七)。そこには労働者たちの、いかなる人間の生活にも笑いはあるのだという確たる信頼感があふれており、このことは上野自身も気づきえていない真理であった。人間が辛苦のどん底まで行った時、「笑い」は現実の秩序を無化し、すべてをリセットする破壊力をもつ。そうした「地の底の笑い話」は労働という生活実践を通じて生み出された、落ちぶれてなお食って寝て排泄しながら生きていかなくてはならない人間の業を生き切るための、労働者たちの生の思想といえるだろう。

たとえば、

「金のない奴ァ　俺んとこへ来い！　俺もないけど心配すんな」

で始まるクレージーキャッツの、あのナンセンスソングを思い浮かべてみればわかる。

「そのうち、なんとかなるだろぉ～」

といって、最後に呵々大笑する植木等の突き抜けた歌声は、あらゆるこの世の意味を無意味化する破壊力そのものといっても過言ではない。私はそこに救いを感ずる。そして、深刻に考え込んでいたことが実はうたたの出来事にすぎないことを知り、〝それでもやはり生きていかなくては〟と再び立ち上がる粘り強い勇気を与えられる。

一方、上野はこんなことも書き留めている。それは二人の坑夫の会話である。

「『それはそうと―』彼はまたぐっと体をのりだして言葉をついだ。『おれ、な、こいつをたたき落とそうかち思いよるばって、どれぐらいになるやろか』そういって彼がふたたび丸顔の鼻さきに突きだしたのは左手の親指であった。…（中略）…『やめといたほうがよかばい、そいつは。なんとかかんとかいんねんばっかりつけやがってくさ金をだしやがらんけ』そして彼は自分の左手首のあたりを右手で切断するまねをしながら『それより、な、いっそやるなら、ここから、な、ここんところから、思いきってばっさりたたき落としない。それならごまかせる。ばって指だけはやめときない。滅多に成功したやつはおらんけ。痛か目にあうだけばから

しかたい』『ふーん、銭にならんか』未練がましそうに長顔は唇をとがらした」(上野、一九六〇)
いかに阿漕なやり方と指弾されようとも、それはしたたかなまでの主体的な生活実践の現われと見なくてはなるまい。同様の話は八幡の職工たちからも聞かれた。蛸は窮すると自分の足を食うとのひそみにならい、自分の身を傷つけて労災補償を得ようとすることを「タコをやる」という。彼らは決して搾取され、差別されるばかりの受動態の人ではない。食うための金銭に換えられるものが身ひとつであるならば、彼らはその最後の所有物を売ってでも生き抜こうとする、すぐれて能動的な意志と戦術をもった人々なのである。
「失うものはもう何もない」ところまで落ち込んだ時に、私たちはあらゆる虚飾や虚栄心から自由になり、ただ純粋に、生きていくことへの剥き出しの意欲でもって、再びの一歩を踏み出せるのかもしれない。今後そこから新たな労働意欲が醸成され、これまでにない労働倫理が日本に構築される可能性を、私は考えてみたいと思うのである。

●労働文化の未来へ

本書の執筆を通じ、私の眼前に新たに浮かび上がってきたのは、「安全」理念の身体化というテーマであった。そこには身体化をめぐる〝主体性の構築〟という重大な問題が内包されているからだ。いまや「安全」というスローガンは労働現場を超え、私たちの日常生活の隅々にまで付帯した理念となっており、すでに無意識に実践されるべき性質のものとされている。かつて安全競争華やかなりし頃、労働者は馬鹿ん真似人間として、これを身体化することを会社から強要された。だが、やがて彼らは確かな意図をもって、これを主体的に実践し始めるのである。

先述した「タコをやる」とも関連することだが、「安全遵守」という一点が労災補償をめぐる駆け引き材料となるからだ。会社にとってそれは生産効率を高めると同時に、労災に際しての補償を最大限免れるための判断基準となる。ひるがえって労働者にとっては、労災補償をきっちり勝ち取るための口実となる。そして歴史学者セルトーの言葉を借りれば、そういう雇用者の「戦略」とこれを逆手に取ることで自らを利するべく企てる労働者の「戦術」とのせめぎ合いが、そこに演じられることになるのである（セルトー、一九八七）。

私は今後の研究を通して、そうした労働者の主体性の構築と、そこから生み出されてくる労働文化のダイナミズムに注目したい。労働者に「社会的弱者」というラベルを貼っての、従来の「する／される」の論理はもういい。現在は私たち自身の生きる糧を探し求める時であり、これまで言説によって主体性を封殺されてきた労働者たちの生きざまに、それを学ぶべきなのではないか。文化資本をもたぬがゆえに物言わぬ人々、それがゆえにあらゆる〝被〟の字を付されてきた人々。このような人々から、笑いに満ち、奸計に充ちたしたたかな生の現実を、そろそろ解き放つべき時が訪れたのではないかと思う。

空をおおう分厚い雲の谷間から、地上に降り立つ一筋の光を、西洋では「天使の梯子」と呼ぶらしい。不況の暗雲が立ち込める現在の日本で、たとえば四〇年間働き続けた末に梯子をはずされた冒頭の投書の主にとって、天使の梯子は一体どこにあるのだろうか。

本書は職工たちの来歴を求め、時代を遡及していきながら、結局はこの問いの答えを尋ね求める試みであったように思う。

資料1 〝高炉の神様〟静かに眠る／八幡製鉄の宿老・田中翁（西日本新聞　昭和四七年五月九日付）

【北九州】新日鉄八幡製鉄所の〝宿老〟田中熊吉翁は八日午後、老衰（脳こうそく・動脈硬化）のため北九州市八幡区春の町の八幡製鉄病院で死去。九十八歳。。現住所は八幡区高見二丁目六ノ七。葬儀は九日午後一時から自宅で密葬。十日午後五時から八幡区谷口町一三八九ノ一に製鉄寺で八幡製鉄所製銑部葬。喪主は妻セツ子さん。

田中宿老は佐賀県三養基郡南茂安村の出身。明治三十二年十一月官営製鉄所としての建設中の八幡製鉄所に製カン工として入り、同三十四年二月、八幡製鉄所初の東田一号高炉の火入れに立ち会った。その後、溶鉱炉の作業に従事、同四十五年には溶鉱炉研究のためドイツへ留学した。大正九年十月、同製鉄所が設けた宿老（後輩指導のため終身雇用制度、課長待遇）の第一号に任命され、同製鉄所だけでなく昭和の初め日本各地で新設された高炉の建設、指導にあたり〝高炉の神様〟といわれた。宿老は同製鉄所でこれまで七人誕生したが他の六人は死亡、田中翁が最後の一人だった。昨年十一月から老衰で製鉄病院に入院していた。

製鉄ひと筋に72年／部下思いの仕事の鬼

〝高炉の神様〟〝永年勤続世界一のサラリーマン〟といわれた田中翁が八幡製鉄所に入ったのは、まだ東田溶鉱炉を建設中の明治三十二年だからことしでちょうど七十二年。三十四年の東田高炉の火入れに立ち会い洞岡溶鉱炉の建設を指導、鉄造り一本に生きてきた田中さんは、まさに〝生きた製鉄史〟でもあった。

田中翁が製鉄所入りしたきっかけには、こんなエピソードがある。日清戦争に従軍、門司沖で船が沈没して九死に一生をえた田中さんは『鉄で強い船を造ったらよい、鉄造りこそ男子一生の仕事』と思い飛び込んだという。

四十六歳で宿労の地位についた田中翁は、高炉を愛し仕事の鬼だった。溶けた鉄が流れる溶銑樋（とい）などにボロやゴミなどを入れようものなら、目の玉が飛び出るほどしかりつけた。半面、部下をよくかわいがった。机の中に菓子やたばこを入れておき、若い工員たちが何かよいことをすると甘党には菓子、たばこ好きにはたばこを出して『がんばれや』と励ましていた。

百八十センチ近いがっちりした体格の田中翁は、若いころから健康には十分注意していたようだ。酒も一定量飲むとピタリと杯をふせ、得意な歌をうたってごきげんだった。若い学卒者たちが話を聞きに行くと『マージャンで夜ふかしするな。無理な酒を飲むな。栄養はうんととれ。仕事でからだをそこなうことはない』というのが口ぐせだったという。

一昨年十一月二十二日の誕生日に一足早く数え年九十九歳の〝白寿の祝い〟を金子信男八幡製鉄所長らが出席して開き、七十年余にわたる労をねぎらったが、田中翁は『死ぬまで溶鉱炉の火をみたい』と大喜びだった。

若いころは胃腸が弱く、それを補うためニンニクが愛用食だった。職場でもそのニオイで悩まされた人も多かったが『田中さんの長寿はニンニクのおかげだ』という人もいるほど。田中さんは『わしゃ満員電車の中でも席に困ったことはない。若い女の子の前にいくとニンニクのニオイで逃げ出してしまうから』とカラカラと笑っていたという。

田中翁は一昨年暮れまで同製鉄所の洞岡高炉に毎日出勤して後輩の指導にあたっていたが、昨年秋ごろから動脈硬化などで健康がすぐれず、十一月から製鉄病院に入院していた。八幡製鉄所の武岡吉平副所長は『八幡製鉄所の歴史とともに生きてきた田中翁はわれわれ従業員の象徴だった』と故人をしのんでいた。

資料2　「陸奥守覚書」（澤七怨霊）

一、天明五年辰五月廿三日之夜、遠賀郡前田村若者共申合、同村滞在之旅人豊後日田御領跡田村之沢七と申者を牛縄を以手荒く取扱、遂ニ及二横死一候。其後同六年三月下旬ゟ四月ニ至、右沢七怨霊嗔怒強ク、同村（養）同牛ニ相障（悪病ニ相斃候儀）、年ゝ村中ニ而殞牛三拾疋四拾又五拾疋相斃レ年々損牛相増候故、村中相驚様ゝ立願祈禱手を尽候得共相治不レ申ニ付、近国之易者ト筮等相頼候処、全□怨霊之祟ニ有レ之段由来（扨ハ沢七か怨霊ニ而□恐込ミ（黒崎浄蓮寺を相頼）右沢七回向（料致呉□）供養等相頼候得共一円相治不レ申候故、彦山ゟ山伏□招右怨霊を今宮社と相祭（候得共）数日牛祈祷致二執行一候得共尚又相治不レ申、右ニ付又ゝ於二彦山一村中ゟ大祈禱相頼大造之（出財仕）金子致二神納一（数日牛祈禱執行有之）候得共尚ゝ相治不レ申（同村百姓中出財手間掛難渋ニ差廻リ候得共致方無御座）其後又ゝ長門国国分寺ニ大金を相納大祈禱相頼候得共、是以何之験も無二御座一、損牛弥増ニ相成、百姓作方差支ヘ間ニハ家居ニ離レ、又ハ他村ニ荒仕子奉公ニ」参候者も有レ之、村方難二立行一」、田畠等作荒シ（芒消村ニ相成）候間、又々郡中山伏中を多勢相招（数日之間為致滞留）大般若経全部為レ致二転読一候得共、是又何之験も無レ之（怨霊相治不申村方之費筋莫大ニ而）極ゝ村内困究ニ指迫リ申候。然ニ弘化二元年辰五月、右沢七横死ゟ六十年ニ相当リ候処、同年三月ゟ損牛有レ之、八月ニ至弥増二死失一仕候間、村方寄合評儀之上、又ゝ近国之易者え卜筮相頼候処、怨霊之祟と村内古塚之□相混シ、右之通村中多年之間殞（落）牛有レ之段申参候。右□之書付を以私手元え（村役人）庄屋組頭罷越□」産神八幡宮え社籠仕、立入御祈禱執行仕呉候□同年四月（奉仕八幡宮之社籠仕）私儀一七日之間昼夜右牛□執行仕、尚又古塚三十二ヶ所塚祭兼而怨霊を今宮□相祭候を牛守社と神号相改、三十二塚之惣名を菅若天神と神号相唱、数日之間御祈禱執行抽二丹誠一候処、同年ゟ右損牛相治、別病ニ而相果候牛ハ御座候得共、怨霊之祟ニ而斃候牛壱疋も無二御座一由ニ而、同村産子中大ニ相喜申候。天明六年ゟ弘化元年迄六十年之間凡損牛之」数千疋余ニ相成候由之処、弘化元年ゟ当未年迄拾五年之間怨霊之嗔怒、古塚之祟全相治申候。弘化二年ゟ年ゝ二夜三日充御祈禱相頼、一昼夜ハ八幡宮、一昼夜は古塚祭、一日ハ牛守社祭年ゝ御祈禱執行仕呉候様村方産子中ゟ相頼候ニ付不二相変一当未迄出勤仕候処、弥相治村中百姓中殊之外安全仕候由、大庄屋佐藤又三郎ゟも毎ゝ同村安心仕候段於二同人一も相喜候趣□候事。」

資料3「伝説　お小夜狭吾七」（ガリ版）

伝説　お小夜狭吾七

の古老たちの発起で、この八幡唯一の伝説にからむ和井田権現を、永く市民にしたしませて、お小夜狭吾七とゆかりの地として遺したいという理由で、さきごろ某所の構内から、その御本体である前田仲宿八幡宮の境内に遷座ねがいたいとの請願書が、岡野新長家に出されたので、某鉄所もこの願出に賛成され、近く御遷座が行れる運となっている。

古老の話によると仲宿八幡宮に合祀された平宇神社の御祭礼日には、艶福に同情する気持でもあろうか娘さん達の足が、ひきもきらぬという。この御遷座によって、お小夜狭吾七の霊も、永く前田八幡宮の境内に鎮まれることであろう。（昭和二八、九、一〇、T一生）

和井田権現の仲宿八幡宮への遷座

二十八年十月初めに和井田権現

資料4　お小夜狭吾七悲恋狂想歌

（袖岡、一九七二より一部抜粋）

Ⅰ　涙の中のあの火の手

一、涙乍らに　逃げました
貴男の名前　呼び乍ら
ふと見返る　前田浜
涙の中に　あの火の手
　狭吾さんが　狭吾さんが
　よもや火あぶり　狭吾さんが

二、涙の中に　見えました
貴男の名前　呼び返えし
ふと振り向く　前田浜
炎の中に　悶えてる
　狭吾さんが　狭吾さんが
　私呼んでは　狭吾さんが

三、涙溢ふれて　泣きました
貴男の名前　呼び続け
ふと見つめる　前田浜
苦しみ喘ぎ　のたうって
　狭吾さんが　狭吾さんが
　息も絶え絶え　狭吾さんが

Ⅱ　松の樹の下に

一、前田の浜の　松の樹の
下に女の　草履あり
若い乙女が　入水し
自殺を遂げた　ようだけど
死体は何処か　南無阿弥陀仏

二、前田の浜の　松の樹の
土手の地蔵に　花を活け
女手拭い　畳置き
覚悟の自殺　したらしく
報《しらせ》も暗く　南無阿弥陀仏

三、前田の浜の　あの松の
下は通るな　気味悪く
昼も幽霊　出るそうな
触らぬ神に　祟りなく
遠くて拝み　南無阿弥陀仏

Ⅲ　隠　地　蔵

一、恋に焦がれて　焦れて恋し
隠れ恋した　二人中《ふたりなか》
生前添えぬ　辛さをば
慰めいたわり　地蔵様
お小夜狭吾七　並んでる
隠地蔵の　恋地蔵

二、恋に人眼を　はゞかり恋し
隠くれて結んだ　二人中
草木原の　墓の土
はこんでつくった　地蔵様
お小夜狭吾七　並んでる
隠地蔵の　恋地蔵

三、恋の苦しみ　味わい恋し
隠れて実った　二人中
恋故悩む　ことならば
叶えそわせる　地蔵様
お小夜狭吾七　並んでる
隠地蔵の　恋地蔵

【註】

第一章

（1）テーラーが能率主義を軸とした『科学的管理法の原理』を出版した明治四三（一九一〇）年、日本では早くもその紹介記事が新聞に連載されている。そして翌年には著者の池田藤四郎が、連載をもとにした『無益の手数を省く秘訣』を出版している。一人の少年職工の出世物語という小説形式をとったこの本は、実に一五〇万部を売り、当時の雇用者などの間でベストセラーになっていたという。

（2）これから本書に登場するものづくりの人々の事例としては、たとえば、大工場の場合は鎌田慧などによる各種ルポルタージュ、町工場の場合は小関智弘や森清の著作などを参照されたい。

第二章

（1）本書では常勤の本工（工員、鉱夫）に限り、この語を用いることにする（但し、鉱夫に関しては戦中に制度上消滅している）。臨時雇用である職夫の場合、官舎（社宅）に住めず、また地域への定着性も薄いため、あえて範疇に含めないこととした。

（2）名前が判明しているのは山崎勘介、篠山兵次郎、小野寺馬吉である。いわゆる釜石組の人数に関する諸説は、九名ないしは一四、五名といったように一定していない。管見の限り詳細な資料は現存しないが、ある職工に聞き取りを行なったところ、彼が戦前に先輩から伝え聞いた話では七名だったという。

（3）ちなみにこうした重いハンマーも軽妙に使いこなすドイツ式の技能は、民間の鉄工所で重要視されていた〝ぶん回し〟と呼ばれる技能とも酷似している。町工場に勤めていた森清は、「ハンマーの一番いい振り方はぶん回しだよね。柄の一番しまいを持って、足元から後ろへ回し、反動を利用しながら少し力をこめて上へ回す。そうして、そのまま下へ回してふりおろす。打ち終わったあと、ふたたび足元から後ろへ回す」（森、一九八一）、と証言する。このように円運動を描く形が最も効率性が良い理想的な状況とされ、またその動作をスピーディーに行なうには筋骨隆々の体格だけではだめで、腕の返しや腰のバネといった全身の筋肉の柔らかさが関係していたという。その意味で、ドイツ人たちが日本人職工に憤慨したのは体格の貧弱さの面だけでなく、彼らが体得していた〝力で叩く釜石方式〟が〝ハンマーの重みを利用して叩くドイツ方式〟と正反対の考え方に拠っていたことにもよるのではなかろうか。

(4)その意味で、ドイツ人の解雇は直ちにドイツとの技術的関係を絶つことを意味したわけではない。実に第一次大戦の半ば頃まで日本は中堅技術者をドイツ本国に派遣し続け、技術・技能の両面でその積極的摂取を試みたのである。つまり明治三七(一九〇四)年の操業再開は、必ずしもドイツ流の技術、技能の否定を意味することにはならない。ならば、製鉄所の職工たちに身体化された技能が日本流(釜石方式)とドイツ流との葛藤から生じたと想像することはあながち的外れではなかろう。他方、ヨーロッパが戦場となった第一次大戦の後は、主にアメリカからの技術移入に務めるよう方針変更がなされたものの、技術者の派遣はほとんど行なわれず、機械設備の導入のみという消極的なものであった(飯田、一九七三)。たしかに日本は第一次大戦を境に技術面ではアメリカ流へと転換したが、職工たちの技能の面では依然、ドイツ流を軸とした内容にとどまっていたのである。

(5)加藤哲郎によれば、「国民国家とは、西欧近代に発する、国家による国民生活統合であり、工業化・都市化＝資本主義化を基軸としての、国民経済・国民文化の形成運動であった」(加藤、一九八八　傍点・筆者)という。この規定に従えば、明治国家の出帆とはまごうことなき国民国家の始まりといえるだろう。一方、明治維新に始まる「帝国臣民」の意識の流れは敗戦を境にいったん途切れ、それ以後は民主主義というアメリカを中心とした新たな欧化主義とともに、一から出直しとなった(西川、一九九八)。そこに新たな国民国家の面が立ち現われるのであり、民主主義を国是とする第二の国家体制にもとづく「国民」の意識が創出される。そうした意味では超世代的に生きたともいえる田中熊吉だが、その描かれ方には時代要求による断絶性が見出されるのではないか、というのが本書の見地である。

第三章

(1)八幡製鉄所にいた七名の宿老に関しては、それぞれ自伝が作成されている。そのうち、溶鉱炉勤務の児玉藤八(明治三四年入職)とコークス炉勤務の白石竹松(明治三七年入職)の二人は、田中とほぼ同時代に在職していた。伝記　は田中と同様、昭和一八年に志摩海夫と岩下俊作によって作品化されたが、その一作のみで終わっている。

(2)第一次大戦後の経済不況の中で激化した社会主義運動の余波を受け、製鉄所においても生活難にあえぐ一部の職工たちは労働団体を組織し、大正九(一九二〇)年二月、大規模なストライキを決行した。これにより製鉄所が受けた被害は甚大で、復旧には一カ月かかり、その間これまで絶やすことのなかった溶鉱炉の火は完全に消えてしまったという。この時期のことに関し、職工の間には今も一つのエピソードが伝わっている。くだんの田中が押し寄せた群衆を前に、「溶鉱炉を壊すならまず田中を殺してからにしろ」と息巻いて退かせたというのである。この話もまた、後で述べるように、職工たちが田中を語る際の定型的な語りとなっているものである。

(3)宿老制度は、現場係官を補佐し職工を指導することを目的として、大正九(一九二〇)年に新設された。身分的には職工でありながら、職員の待遇を受け、かつ定年制が適用されない特殊な役職である。田中熊吉はその最初の被任命者であった。

(4)「対談会　田中宿老、大内事務長」『時報くろかね』七一七号(一九四三年)。なお、〝溶鉱炉の神様にコークスを捧げる〟といった語りがかつて職工たちの間に流布しており、この点と関連づけて考えると興味深いのではないかと思われる。

(5)この伝承は昭和九(一九三四)年に作られた「八幡市旧蹟めぐり」の歌詞の一節にも取り入れられている。すなわち、「是より北へ三丁余　多田良の土地はその昔　鉄を溶解せし所　現在其所に溶鉱炉　設けられしぞ奇なるかな」(八幡市史編纂委員会編、一九五九)、とある。なお、この中には第五章で触れる〝お小夜狭吾七伝承〟も含まれている。

(6)製鉄所が主宰する慰霊祭は殉職者に対するもので、作業中の事故などによる死者でない限り、その対象にはならない。慰霊祭は大正五(一九一六)年に始められ、当初は〝招魂祭〟と称して毎年一〇月に実施されていた。だが大正一〇年以降、製鉄所の起業祭と同日執行となるに及び、〝慰霊祭〟と呼称されるようにもなる。ただし正式な名称変更は昭和五七(一九八二)年で、宗教的色彩が濃いとの理由から現在は無宗教の形式となっている。祀られる殉職者は平成一二年時点で二二八五柱(協力会社も含めると二七四九柱)にのぼっている(八幡製鉄所百年史編纂事務局編、二〇〇一)。

(7)同様の美談として、民俗学者の重信幸彦は、日露戦争二五周年にあたる昭和五(一九三〇)年に喧伝された「久松五勇士」(日露　戦争時、バルチック艦隊発見の報告を、自らの危険を顧みずに行なったとされる宮古島の猟師たち)や、昭和初年度にさかんに語られた「増田巡査」(佐賀でコレラ防疫活動中に殉職し、社に祀られた明治時代の警察官)などの事例をあげている。いずれも昭和初期のナショナリズム高揚の時期を背景とし、その時代的文脈に合わせて再編成され、語り直されるという特性が指摘されている（重信、二〇〇一および、田中丸・重信、一九九八）。
(8)マフラーが鉄拳制裁の原因となったのは、この時代に顕著だった精神性重視のゆえか、機械に巻き込まれる危険性を回避し、後述するように能率性を重視したゆえかは不明である。いずれにしても、同時期の「産業戦士」に期待された心技両面にかかわる与件であった点は、否定できないのではないだろうか。
(9)映画の撮影当時、ある宿老が増産の疲れから実際、高炉より転落する事故が発生したという。この宿老の名前は明示されていないが、目撃者の一人であった監督・山本薩夫はその模様を振り返り、「上から屋根の上にドーンと落ち、屋根をゴロゴロ転がって下に落ちた。落ちたときには血だらけになっていた」(山本、一九八四)と証言している。当人は一命を取り留めたらしいが、この事件は戦争勝利の増産のため、高炉の神にわが身を供儀として捧げる姿を彷彿させるものであったといえよう。

第四章

(1)昭和三一（一九五六）年の『経済白書』には「もはや『戦後』ではない」というフレーズが登場する。そこには好景気による驚嘆すべき復興の迅速さや、技術革新の恩恵で民衆の生活水準が急激な変化(家庭の電化などに象徴される)をとげ、消費の時代へと転換していこうとする時代気運が反映されている。
(2)ここで佐木隆三の作品群を取り上げるのは、作者自身が製鉄所の広報部での勤務経験をもち、各部への詳細な取材によって所内事情に精通していたこと、また当時の時代状況に対応して製鉄所自体が大きく変動する過程に自ら直面しながら、そうした状況に翻弄される職工たちの姿を実体験に照らし合せて描くのに成功していること、などによる。
(3)事故を目撃した職工たちが、「片目を叩き潰しながら平気で仕事をしてゐる、戦争なら金鵄勲章ものだなあ」と語る前章でも触れた作中のくだりからは、身を捨ててでも忠誠を尽くすという側面が強調されている点がうかがえよう。
(4)明治三四(一九〇一)年の開業時に始まる起業祭は本来、開業日の一八日を中日とする三日間にわたり行なわれたが、昭和六〇年を境に〝まつり起業祭〟と改称され、その性格を大幅に変じることになった。すなわち〝製鉄所の祭り〟から〝市民の祭り〟へと位置づけが変わるとともに、開催日も一一月三日(文化の日)を中日とした三日間へと変更された。

第五章

(1)このような現象はたとえば、同様に製鉄所と密接に連動しつつ発展してきた隣接の戸畑地域の祇園祭(通称「提灯山笠」)においても、担い手層の激増、激変にともなう祭りの形式の変容や、新たなシンボル形成としても看取される(金子、二〇〇〇)。

(2)伝承の記載では天明四年とあるが、これと深くかかわる浄蓮寺の過去帳や仲宿八幡宮司家の『波多野家文書』には天明五年と記されている。仲宿八幡宮は中世期、前田地区を含む一円を支配した麻生氏創建の神社であり、波多野家はそのとき任じられた神官の末裔である。したがってこの文書からは、中世末から近代(明治期)にまでいたる、当地の近在の歴史をうかがい知ることができるのである。

(3)なお事件翌日の日の出前、奇麗な浴衣姿の若い娘が髪を振り乱し叫び声を上げながら、前田方向から遠賀川の土手を走り去る姿を目撃したという農民の目撃談も伝わっている(袖岡、一九七二)。

(4)一説には戦国時代の麻生一族の墓と伝えられ、また三十三ヶ所であったともいわれており、後に製鉄所の拡張計画にかかってその大半は消失したという(木村、一九五九)。

(5)戦後、アメリカから安全管理の技術が導入されるにともない、ようやく「整理整頓」や「健康管理」などが理念として浸透するようになったのである(金子、二〇〇一)。

(6)現在、仲宿八幡宮境内の祠に祀られている観音像は明治期後半の建立とされる。そこから推算すると、職工たちによる怨霊鎮めの信仰は比較的早い時期から行なわれていたことがうかがえる。

(7)古老の記憶によれば、狭吾七の縛り付けられた松の木があった場所にはかつて漁師が住んでおり、藻や蜆を取りに出かけて遭難した人々を供養するための地蔵をそこに祀っていたという(八幡市史編纂委員会編、一九五九)。

(8)ただし、実際の和井田権現が〝隠れ地蔵〟と呼ばれた形跡は管見の限りでは見受けられない。

（9）当初は紙や木の実で作られた人形だったが、昭和四〇年頃、製作者の死去を機に、現行のような簡易な紙守りになったという。

（10）本来の例祭日は一〇月九日だが、平成三年より二四日（八幡宮秋季例大祭と同時執行）に日程変更し、執行されるようになった。

（11）八幡宮神官や前田在住の老人の話では、火災は前出の牛守神社二百年祭以降、実際には起こっていないという。にもかかわらず、現実にそうした会話が発せられた理由は何であろうか。その時の状況と発話行為の脈絡を顧みながら思い起こしてみると、祭りの演出として一基の山笠が勢いよく炎を吐き出している瞬間の発話であった。おそらく激しく燃え盛る炎が過去の火事の記憶を引き出し、現実の時間を過去の出来事と連結させるという誤った認識を生み出すこととなったのであろう。後日、私が偶然に彼女たちと再会したおり、この話を確認したところ、「なしてそげな会話したんか憶えとらんちゃ」ときっぱり否定されてしまったのである。私はそこに、前田住民の伝承をめぐる記憶のあり方を解明する手がかりが潜んでいるのではないかと予測するが、この点については今後、追加調査を重ねる中で明らかにしていきたい。

【参考文献】

阿部安成、一九九九「横浜歴史という履歴の方法―〈記念すること〉の歴史意識―」（阿部安成・小関隆・見市雅敏・光永雅明・森村敏己（編）『記憶のかたち―コメモレイションの文化史―』柏書房
飯田賢一、一九七三『日本鉄鋼技術史論』三一書房
池田藤四郎、一九二九『改定新版　能率増進　無益の手数を省く秘訣』実業之日本社
市川弘勝、一九六一『鉄鋼』（岩波新書　青二四二）、岩波書店
一柳正樹、一九五八『官営製鉄所物語』上巻、鉄鋼新聞社
稲山嘉寛、一九八六『私の鉄鋼昭和史』東洋経済新報社
猪木武徳、二〇〇〇『日本の近代　七　経済成長の果実―一九五五～一九七二―』中央公論社
色川大吉、一九九〇→一九九四『昭和史世相篇』（小学館ライブラリー五五）小学館
――、一九九一『民衆史―その一〇〇年―』（講談社学術文庫　九九七）講談社
岩下俊作、一九四二→一九六〇「掌―産業戦士を讃うる歌―」『岩下俊作詩集』小壺天書房
――、一九四三『熱風』工人社
――、一九五九→一九九八「青春の流域」『岩下俊作選集』第五巻　北九州都市協会
上野英信、一九六〇『追われゆく坑夫たち』（岩波新書　F二四）岩波書店
――、一九六七『地の底の笑い話』（岩波新書　F二三）岩波書店
――、一九七一→一九八九『天皇陛下萬歳―爆弾三勇士序説―』（ちくま文庫）筑摩書房
上野千鶴子、二〇〇〇『上野千鶴子が文学を社会学する』朝日新聞社
上野陽一、一九四三「生産青年『能率訓』」『月刊　生産青年』第四巻第九号（科学主義工業社）
上野例蔵、一九三六『八幡市旧蹟史』（私家版）
内田星美、一九八五『時計工業の発達』服部セイコー
永六輔、一九九六『職人』（岩波新書　赤三五）岩波書店

遠藤元男、一九七八『職人と手仕事の歴史』東洋経済新報社
大江志乃夫、一九六八『日本の産業革命』岩波書店
大月隆寛、一九九五『無法松の影』毎日新聞社
大里仁志、一九八五「官営八幡製鉄所草創期における労働関係の資料的検討 (1)・(3)」『八幡大学論集』第三五巻第四号・第三六巻第一号
大宅壮一(半藤一利編)、二〇〇〇「八幡製鉄—世界第八位の生産力—」『昭和の企業』(ちくま文庫) 筑摩書房
尾高煌之助、一九九三『職人の世界・工場の世界』リブロポート
春日 豊、一九九四「工場の出現」『岩波講座日本通史 近代二』第一七巻 岩波書店
加藤哲郎、一九八八『国民国家のエルゴロジー—「共産党宣言」から「民衆の地球宣言」へ—』(これからの世界史 九) 平凡社
金子 毅、二〇〇〇「祭りをはぐくむ葛藤と調和—戸畑「提灯山笠」にみる地域社会の変質—」『文化人類学研究』第一巻 早稲田大学文化人類学会
——、二〇〇一「創られる「職工」たち—高度成長期と「安全」言説を通して—」『九州人類学会報』二八号、九州人類学研究会
鎌田 慧、一九七一→一九九四『死に絶えた風景—ルポルタージュ・新日鉄—』(現代教養文庫一五二二) 社会思想社
——、一九八三『自動車絶望工場—ある季節工の日記—』(講談社文庫Y五五二) 講談社
——、一九八六『日本人の仕事』平凡社
——、一九九六「悲しみの企業城下町」佐高信(編)『現代の世相② 会社の民俗』小学館
蒲生俊文、一九四八『必勝の生産 鉄壁の安全』産業福利研究会
北九州八幡信用金庫(編)、一九七四『北九州八幡信用金庫五十年史』北九州八幡信用金庫
木村幸雄、一九五九『八幡前田踊』(私家版)
京極純一、一九八六『日本人と政治』(UP選書二四八) 東京大学出版会

熊本健一、一九六七「現代職工気質」(八幡製鉄労働部厚生課親和会編)『製鉄文化』第一〇四号
国民工業学院、一九四二『技能賞に輝く産業戦士』国民工業学院
小関智弘、一九八四『大森界隈職人往来』(朝日文庫四〇〇)朝日新聞社
駒井 卓、一九六五『溶鉱炉とともに』八幡製鉄八幡製鉄所技術部
小松 廣、一九八二「日本的雇用慣行を築いた人達―小松廣氏に聞く(二)―」『日本労働協会雑誌』№二七七
今和次郎、一九四七→一九七一「北九州八幡製鉄所の社宅を見る」『生活学 今和次郎集』第五巻 ドメス出版
佐木隆三、一九六二→一九七九「宿老」『錆びた機械』潮出版
――――、一九六四「宿老田中熊吉(一)~(二二)」『製鉄所時報 くろがね』№一四三九―一四六五
――――、一九六六『NHK連続ラジオ小説 宿老物語 第三話―太郎爺の退職』(佐木隆三氏所蔵)
――――、一九六九『鉄鋼帝国の神話―鉄鋼合併と労働者―』三一書房
――――、一九八一『冷えた鋼塊』上・下巻 集英社
佐高 信(編)、一九九六『現代の世相②　会社の民俗』小学館
四方洋、一九九一『煙を星にかえた街―北九州市の挑戦―』講談社
重信幸彦、二〇〇一「「美談」のゆくえ―宮古島・「久松五勇士」をめぐる「話」の民俗誌―」『民族学研究』第六五巻第四号
志摩海夫、一九四三『鉄の人』工人社
下中弥三郎、一九五四『綴方風土記 第八巻 九州琉球篇』平凡社
T・W・シュルツ(逸見謙三訳)、一九六六『農業近代化の理論』東京大学出版会
隅谷三喜男(編著)、一九七〇『日本職業訓練発展史〈上〉―先進技術土着化の過程―』日本労働協会
――――、一九七一『日本職業訓練発展史〈下〉―日本的養成制度の形成―』日本労働協会
製鉄所庶務課、一九一一『製鉄所職工読本』巻三 製鉄所庶務課
M・C・セルトー(山田登世子訳)、一九八七『日常的実践のポイエティーク』国文社
袖岡紅流、一九七二『お小夜狭吾七悲恋狂想歌』(私家版)

竹内　洋、一九九七『立身出世主義―近代日本のロマンと欲望―』（NHKライブラリー六四）NHK出版
S・ターケル（中山容他訳）、一九八三『WORKING　仕事！』晶文社
田中宿老白寿記念会（編）、一九七〇『白寿記念　田中宿老小伝』田中宿老白寿記念会
田中丸勝彦・重信幸彦、一九九八「ある「殉職」の近代」『北九州大学文学部紀要』五七
谷川健一、一九七九『青銅の神の足跡』集英社
田山力哉、一九八〇『わが体験的日本娯楽映画史　戦前編』（現代教養文庫九八五）社会思想社
F・W・テーラー（上野陽一訳）、一九六九『科学的管理法』産業能率大学出版部
東條由紀彦、一九九二「初期製鉄業と職工社会」高村直助（編）『企業勃興』、ミネルヴァ書房
轟良子、二〇〇一『ふくおか文学散歩』西日本新聞社
土木建築扶助会（編）、一九三八『安全の友』第四号
中岡哲郎、一九七一『工場の哲学―組織と人間―』平凡社
西川長夫、一九九八『国民国家論の射程―あるいは〈国民〉という怪物について―』柏書房
日本製鉄八幡製鉄所、一九三八「製鉄所の生い立ちを語る座談会　第一回の（三）」『製鉄所時報　くろかね』No.五五四
仲宿青年会（編）、一九八八『仲宿八幡宮氏子青年仲宿青年会　創立十周年記念誌』仲宿青年会
能美安男（編）、一九六五『波多野家文書』第六輯、豊山八幡神社
橋本毅彦、二〇〇一「蒲鉾から羊羹へ―科学的管理法導入と日本人の時間規律―」橋本毅彦・栗山茂久（編著）『遅刻の誕生―近代日本における時間意識の形成―』三元社
林栄代、一九七一『八幡の公害』朝日新聞社
原田準吾、一九四二『我等の枝光』（私家版）
兵藤　釗、一九七一『日本における労使関係の展開』東京大学出版会
M・ヴェーバー（黒正巌・青山秀夫訳）、一九五四『一般社会経済史要論』上巻、岩波書店
藤井淑禎、二〇〇一『御三家歌謡映画の黄金時代―橋・舟木・西郷の「青春」と「あの頃」の日本―』（平凡社新書一一

七）平凡社
藤本要、一九八〇「槻田官舎の憶い出」（新日本製鉄労働部厚生課親和会編）『製鉄文化』第一四一号
深田俊介、一九九二『わが八幡製鉄―経済大国の片隅で―』葦書房
S・フロイト、一九六九「文化への不満」『フロイト著作集3』人文書院
増田義一、一九二九『處世新道』実業之日本社
三菱造船株式会社長崎造船所職工課（編）、一九二八『三菱長崎造船所史一』三菱造船株式会社長崎造船所
森　清、一九八一『町工場―もうひとつの近代―』（朝日選書一八一）朝日新聞社
柳田國男、一九五九『一目小僧その他』角川文庫
山崎正和、一九八四『柔らかい個人主義の誕生―社会消費の美学―』中央公論社
山本作兵衛、一九七三『筑豊炭坑絵巻』葦書房
山本薩夫、一九八四『私の映画人生』新日本出版
八幡市史編纂委員会（編）、一九五九『八幡市史　続編』八幡市役所
八幡市役所、一九四九『昭和二四年版　八幡市勢要覧』八幡市役所
八幡製鉄所（編）、一九五〇『八幡製鉄所五十年誌』八幡製鉄所
八幡製鉄所、一九五三「和井田権現の御遷座―構内に鎮まる神々の縁起　お小夜狭吾七物語」『製鉄所時報　くろがね』№一〇九六
八幡製鉄所百年史編纂事務局（編）、二〇〇一『世紀をこえて―八幡製鉄所の百年―』新日本製鉄株式会社八幡製鉄所
八幡製鉄所所史編さん実行委員会（編）、一九八〇『八幡製鉄所八十年史　総合史』新日本製鉄株式会社八幡製鉄所
八幡製鉄八幡製鉄所総務部厚生課（編）、一九五八『五十年史　八幡製鉄所厚生課』八幡製鉄株式会社八幡製鉄所総務部厚生課
横山源之助、一九四九『日本の下層社会』（岩波文庫青一〇九―一）岩波書店
吉川　洋、一九九七『二〇世紀の日本　六　高度経済成長―日本を変えた六〇〇〇日―』読売新聞社
若杉熊太郎、一九四三『高炉工　田中熊吉伝』国民工業学院

あとがき

私が「職工」をテーマとして八幡の地に初めて探索の根を下ろしたのは、一九九八年九月のことである。そもそも「祭り」に関する研究を十年近くも続けてきた者がなぜこのような意外なテーマにたどり着いたのかというと、それは前年より妻の郷里で見学を始めたいくつかの祭りに対して感じた疑念に端を発している。たとえば同じ「提灯山笠」を名乗っていながらも、八幡・枝光の山笠は消滅したのに、戸畑のそれはなぜ巨大なものとして現在まで存続しえたのか？　その発祥は約二百年前とはいっても、かつて寒村といわれた戸畑になぜ今、多くの組織的な舁き手を要する巨大山笠が存在しえているのか？

こうした現象をどう解釈すべきかと頭を抱え込んでいた私に、祭りの場で出会ったある人物が語った言葉、「祭りを知るにはそれをやっとるもん、ここ戸畑や八幡でいやあ製鉄所の職工さんを抜きにしては何も語れんとじゃないか？」という助言が、そのまま本書の出発点となった。「ならば、どうやって製鉄所や職工との接点を探ればよいのでしょうか」と問う私に、彼は、「そりゃあ、わしにもようわからん。さけど、図書館にでも行ってみりゃあ、社内報くらいは手に入るんやないと？　そいやったら職工のこともなんぼかわかるやろうが」とあいまいに答えた。こうしてまるで雲をつかむような思いで北九州市立中央図書館へと足を運んだ私だったが、結果的にそこで司書の轟良子氏に出会えたことは望外の僥倖だった。なぜなら、ほどなくして私は氏を介し株式会社新日本製鐵八幡製鉄所総務グループの入佐純一マネジャーと面識を持つようになり、その後、のべ二週間にもわたる所内での資料収集や、起業祭の時に催される殉職者慰霊祭への参与観察、ひいては新日鉄労組での資料収集にまで携われるようになったからである。この入佐マネジャーとの出会いが冒頭に記した九八年九月のことであった。

こうして入手した膨大な製鉄所資料と聞き取り調査を元手に、私はその翌年から二〇〇一年にかけていくつかの論文を発表したが、本書はそもそもこれらを核にして書き始められた。すなわち第二、四、五章はそのうち次の四論文を再編成したうえで、大幅な加筆修正を施したものである。その他の部分は本書の刊行に際して書き下ろした。

・「近代と伝承の諸相—製鉄所をめぐる文学作品より見た—」『都市民俗研究』五号（一九九九年）
・「物語りとしての「職工」—製鉄所をめぐる文学作品の検討より—」『信濃』第五二巻第一号（二〇〇〇年）
・「物語る「職工」たち—八幡製鉄所とお小夜狭吾七の祟りをめぐって—」『京都民俗』一八号（二〇〇〇年）
・「創られる「職工」たち—高度経済成長と「安全」言説を通して—」『九州人類学会報』第二八号（二〇〇一年）

ただし改めて読み返してみると、これらの論文はどれも資料の入手とその分析、それにフィールドワークを同時進行させながら、ひたすら自転車操業のように生産し続けてきたがゆえの粗削り、もっといえば対象への認識不足の感すら否めないのである。極端な話、当初は「職工」「三交代」など、この研究の根幹となる言葉の意味さえ十分に理解できないまま、ただやみくもに町を走り回っていたような気がする。それゆえインフオーマントとなって下さった方々には、その間、どれだけ手を煩わせたことかと考えただけで、冷や汗の出る思いである。

まず前記した轟、入佐の両氏はもとより、北九州市立中央図書館および八幡図書館の司書の皆様には、自分の調査地がどんな歴史を背負った場所であるかを知る基盤づくりのうえで甚大な助けをいただいた。

また地域内の個々の事例やデータの入手に関しては、とりわけ次の方々のご助力に負うところが大きかった。八幡・前田のお小夜狭吾七伝承に関する聞き取りに際し、貴重な文献資料や写真などを快く提供して下さった仲宿八幡宮の波多野盾夫宮司、同神社総代の大和九州男《くすお》氏、ならびに浄蓮寺の後根泰定住職。戸畑の寺院形成史を調べるにあたり資料提供をいただいた照養寺の竹内正道、天徳寺の渡辺法弘の両住職。子供の目を通して見た企業城下町の生活世界を探るうえで、多くの有益な資料の収集を許可して下さった明治学園（戸畑区）の先生方。

さらに門司区在住の佐木隆三氏からは製鉄所勤務時代のエピソードを聞かせていただいた。取材旅行や執筆の激務の間隙を縫うようにして、いつも貴重な時間を割いて下さり、時にはぶしつけとも思える私の質問にも快く答えて下さったことを思うと、深謝の念を禁じえない。〝佐木氏に会って話をじかに聞いてみたい〟という私のとんでもない願望を叶えて下さったのは、毎日新聞社の方々であった。ことに西部本社学芸部の塩満温《たづぬ》記者、および、直接佐木氏への仲介の労を取って下さった永守良孝元西日本支局長に対しては感謝の言葉もないほどである。

ところで本書の執筆に際しては、興味の向くまま個別の論文として書き連ねることと、それらをある統一性を持ったストーリーとして組み直すことの違いを突きつけられ、一貫した論理でまとまった物語をつむぐ難しさを改めて痛感させられることの連続であった。

そうした中、実に多くの研究者の先生方にお世話になった。この研究をスタートさせた当初より私を終始励まし導いて下さった國學院大學の野村純一先生、倉石忠彦先生、および筑波大学の古田博司先生、現地調査を進めるうえでいつも貴重な助言を下さった八幡出身の先輩研究者・古賀治幸氏には、特に感謝の念を強くしている。また古田先生、ならびに東海大学の小倉紀蔵先生には出版社紹介のご配慮をいただき、結果として草風館のお世話になることとなった。内川千裕社長はいわば本書の総合プロデューサーとして、厳しい叱正を交えながらも、未熟な私を辛抱強く導いて下さった。感謝の言葉もない。

こうして書き記してみると、本当に多くの方々が、私の拙い研究とそれへの思いに伴走して下さったのだと胸が熱くなる。また同じ研究者である妻・真鍋祐子からはたびたびの議論を通じ、いくつかの有益な論点を示唆された。その意味で本書は私とかかわって下さった全ての方々との、まさしく合力の成果である。むろん、ここに挙げられなかったたくさんの方々にもお世話になった。中には冒頭に記した助言者のように、名も知らぬ通りすがりの人々からも多くの着想をいただいた。心より感謝の気持ちを捧げたい。

最後に、本書の刊行を待ち望みながらも、その完成を見ることなく昨春この世を去った義母・真鍋みち江に、この拙い処女作を手向けたい。

二〇〇三年一月

金子　毅

八幡製鉄所・職工たちの社会誌

発行日　二〇〇三年三月一日

著　者　金子　毅　Takeshi Kaneko ©

一九六二年埼玉県生まれ。國學院大學大学院文学研究科博士課程単位取得退学。現在、佛教大学・東京基督教大学非常勤講師、および国立歴史民俗博物館外来研究員。文化人類学・民俗学専攻。近代産業社会と労働文化に関わる歴史民俗学を研究。著書に『現代民俗誌の地平』（共著・朝倉書店、近刊）、主な論文に「戸畑「提灯山笠」と死者儀礼」（『国立歴史民俗博物館研究報告』第九一集）、「祇園祭に見る政治と民俗―会津田島祇園祭の形成過程をめぐる試論―」（『比較日本文化研究』第六号）。

発行所　株式会社　草風館
東京都千代田区神田神保町三―一〇

発行人　内川千裕

装丁者　秋元智子

印刷所　（株）シナノ

Co.,Sofukan　〒101-0051
tel 03-3262-1601
fax 03-3262-1602
e-mail:info@sofukan.co.jp
http://www.sofukan.co.jp
ISBN4-88323-130-5